职业教育宠物类专业新形态系列教材

宠物营养与食品

陶 妍　田长永　主编
宋连喜　主审

化学工业出版社

·北京·

内容简介

《宠物营养与食品》教材融入《宠物临床营养管理师职业技能评价规范》，参照企业工作流程和操作规范，以培养岗位胜任能力为目标，基于典型岗位工作任务，构建贴合行业企业标准的教学内容。

教材划分为宠物食品质量评价、宠物食品推荐、宠物科学饲喂、宠物营养配餐、宠物营养调控等五个项目，涵盖从事宠物食品销售、宠物饲养管理等相关岗位工作的职业能力。按照岗位工作需求将工作任务分解为由简单到复杂、由基础单项到高阶综合的23个任务，每项任务由知识目标、能力目标、素质目标、任务准备、任务实施、任务结果、任务评价和任务资讯组成，而且每项任务均有配套的实施单和考核单，设计成《工作任务手册》。同时，教材融入思政元素，潜移默化地培养学生的科学饲养意识、诚信服务品质和创新精神。本书配有数字资源，可扫描二维码学习；电子课件可从 www.cipedu.com.cn 下载参考。

本书可作为高职高专宠物相关专业教材，也可作为相关从业人员参考用书。

图书在版编目（CIP）数据

宠物营养与食品 / 陶妍，田长永主编. -- 北京：化学工业出版社，2024.9. --（职业教育宠物类专业新形态系列教材）. -- ISBN 978-7-122-46249-7

Ⅰ．S815

中国国家版本馆CIP数据核字第20245G9X36号

责任编辑：迟 蕾 李植峰　　　　　　　　　文字编辑：药欣荣
责任校对：刘 一　　　　　　　　　　　　装帧设计：王晓宇

出版发行：化学工业出版社（北京市东城区青年湖南街 13 号　邮政编码 100011）
印　　装：河北鑫兆源印刷有限公司
787mm×1092mm　1/16　印张 16¾　字数 428 千字　2025 年 1 月北京第 1 版第 1 次印刷

购书咨询：010-64518888　　　　　　　　　售后服务：010-64518899
网　　址：http://www.cip.com.cn
凡购买本书，如有缺损质量问题，本社销售中心负责调换。

定　　价：49.80元　　　　　　　　　　　　　　　　　　　版权所有　违者必究

《宠物营养与食品》编审人员

主　编　陶　妍　田长永

副主编　李　婧　谷思燚　刘国芳　姜　鑫

编写人员

　　　　谷思燚（辽宁农业职业技术学院）

　　　　姜　鑫（黑龙江农业经济职业学院）

　　　　库莱夏·阿力别克（塔城职业技术学院）

　　　　李　婧［皇誉宠物食品（上海）有限公司］

　　　　刘　平（江西农业工程职业学院）

　　　　刘国芳（江苏农林职业技术学院）

　　　　刘莎莎（北京农业职业技术学院）

　　　　刘馨忆（吉林工程职业学院）

　　　　任　艳（辽宁农业职业技术学院）

　　　　戎玉欣［皇誉宠物食品（上海）有限公司］

　　　　申进宝［皇誉宠物食品（上海）有限公司］

　　　　宋　林（黑龙江职业学院）

　　　　陶　妍（辽宁农业职业技术学院）

　　　　田长永（辽宁农业职业技术学院）

　　　　万　玲（辽宁农业职业技术学院）

　　　　王　芳［皇誉宠物食品（上海）有限公司］

　　　　王　欣（辽宁农业职业技术学院）

　　　　王雯熙（湖北生物科技职业学院）

　　　　王艳立（辽宁农业职业技术学院）

　　　　郑关雨（辽宁农业职业技术学院）

　　　　朱　源（上海朋朋宠物有限公司）

　　　　祝　婕（沈阳农业大学）

主　审　宋连喜（辽宁农业职业技术学院）

前言 PREFACE

《国家职业教育改革实施方案》开启了职业教育作为类型教育的新阶段，倡导使用新型活页式、工作页式教材并配套开发数字化教学资源。教材创新开发对推动课堂革命和新型职业人才培养具有重要意义。

现代宠物产业作为新兴产业，对具备宠物营养与食品领域职业能力的人才需求迫切，从业人员掌握宠物营养与食品相关知识和技能，指导养宠人士给宠物喂以均衡、全价营养的食品，对维护宠物的健康、防止疾病的发生和促进疾病的康复起着积极的作用，是提高宠物犬、猫生活质量的保证。

在这样的背景下，宠物营养与食品作为宠物类专业核心课程，需要坚持对接产业、创新理念开发新型教材。本教材由校企专家联合开发，依据校企合作开发的职业能力标准体系，融入《宠物临床营养管理师职业技能评价规范》，以岗位胜任能力为导向，以关键职业能力划分项目模块，设置关键任务，建立了"实施单、考核单"贯穿全程的"工作页"，形成了基于职业能力培养规律和融合思政等综合素养的"工作任务式"教材，可充分实现"教学做"一体化教学，具有鲜明的职业性、实用性和引领性。在此基础上，本教材实施了系统的"数字化"建设，搭建了线上资源平台，开发了与教学内容衔接紧密的视频、动画、图片等，可满足"线上线下融合"教学和学习需要。丰富的数字资源的组合与搭配，可实现不同教学场景的有效匹配，能够在教学内容、教学方法和教学资源应用等多个层面实现"课堂革命"，提升教学质量，促进学生全面、自由而又充分的发展。

本教材由高水平校企融合团队共同开发：项目一由刘馨忆、陶妍、王欣、刘莎莎和王芳编写，项目二由陶妍、谷思燚、祝婕、王雯熙、戎玉欣、任艳编写，项目三由郑关雨、田长永、宋林、库莱夏·阿力别克、申进宝编写，项目四由朱源、王艳立、陶妍、刘平编写，项目五由姜鑫、陶妍、刘国芳、李婧、万玲编写。全书由宋连喜主审。本书编写过程中，皇誉宠物食品（上海）有限公司提供了技术支持，在此表示衷心感谢。

由于编者水平有限，不妥之处在所难免，恳请同行批评指正。

编者

2024 年 5 月

目录
CONTENTS

001 项目一 宠物食品质量评价

任务1-1　宠物粮的质量鉴定 / 002
任务1-2　宠物食品标签评价 / 020
任务1-3　宠物食品原料鉴定 / 036
任务1-4　宠物食品的储存 / 043

046 项目二 宠物食品推荐

任务2-1　宠物食品分类与识别 / 047
任务2-2　宠物犬主粮推荐 / 053
任务2-3　宠物猫主粮推荐 / 057
任务2-4　犬、猫粮的对比分析 / 060

068 项目三 宠物科学饲喂

任务3-1　幼犬饲喂方案制定及执行 / 069
任务3-2　成年犬饲喂方案制定及执行 / 073
任务3-3　老年犬饲喂方案制定及执行 / 078
任务3-4　幼猫饲喂方案制定及执行 / 081

任务 3-5　成年猫饲喂方案制定及执行 / 084

任务 3-6　老年猫饲喂方案制定及执行 / 087

任务 3-7　特殊时期宠物的饲喂方案制定及执行 / 090

094
项目四　宠物营养配餐

任务 4-1　犬、猫体况评价 / 095

任务 4-2　宠物营养状况观察与分析 / 104

任务 4-3　宠物食品配方设计 / 112

任务 4-4　创意宠物食品制作及推荐 / 121

128
项目五　宠物营养调控

任务 5-1　宠物处方食品推荐 / 129

任务 5-2　肥胖犬、猫饲养方案制定 / 134

任务 5-3　患病犬、猫的饮食调控 / 140

任务 5-4　住院宠物的营养支持 / 152

157
参考文献

宠物食品质量评价

宠物粮的质量鉴定

任务1-1-1 宠物粮中水分含量的测定

知识目标

1. 归纳总结宠物粮中水分的生理功能。
2. 概述宠物粮水分含量测定的原理。
3. 概述宠物粮水分含量的测定方法。

能力目标

1. 能独立完成宠物粮水分含量的测定。
2. 能对比分析测定数据与商品粮产品分析保证值的差异。

素质目标

1. 在完成测定的过程中，增强安全意识及规范化操作意识，习得严谨的工作态度。
2. 在对比分析结果的过程中提升辨识能力。

任务准备

1. 材料准备

准备一款包装完整（包装需含成分分析保证值列表）的犬粮或者猫粮（干性宠物粮），包装规格至少 1000g。

2. 准备测定过程中所需的仪器以及药品

① 实验室用样品粉碎机。
② 分析筛：孔径 0.45mm（40 目）。
③ 分析天平：感量 0.0001g。
④ 称样瓶：玻璃或铝制，直径 40mm 以上，高度 25mm 以下。
⑤ 电热式恒温烘箱：可控制温度为（105±2）℃。
⑥ 干燥器：用变色硅胶或氯化钙做干燥剂。

任务实施

① 制备试样，要求其原始样品量在 1000g 以上，用四分法将原始样品缩至 500g，再缩

至 200g，粉碎至 40 目，装入密封容器，放阴凉干燥处备用。

② 将洁净的称量瓶在（105±2）℃烘箱中烘 1h，取出，在干燥器中冷却 30min，准确至 0.0002g。重复以上操作，直至两次质量之差小于 0.0002g 为恒重，将数据记录在任务 1-1-1 实施单。

③ 在已知质量的称量瓶中称取两个平行试样，每份 2～5g（含水量 0.1g 以上，样品厚 4mm 以下），准确至 0.0002g，将数据记录在任务 1-1-1 实施单。

④ 将盛有样品的称量瓶不盖盖，在（105±2）℃烘箱中烘 3h（温度到达 105℃时开始计时），取出，盖好称量瓶盖，在干燥器中冷却 30min，称重，将数据记录在任务 1-1-1 实施单。

⑤ 再同样烘干 1h，冷却，称重，直到两次质量差小于 0.0002g，将数据记录在任务 1-1-1 实施单。

任务结果

1. 测定结果的计算

计算公式：

$$\omega(H_2O) = \frac{m_1 - m_2}{m_1 - m_0} \times 100\%$$

式中，m_1 为 105℃烘干前试样及称量瓶质量，g；m_2 为 105℃烘干后试样及称重瓶质量，g；m_0 为已恒重的称量瓶质量，g。

2. 结果分析

对照宠物粮包装成分分析保证值列表，检查是否出现实验偏差，如有偏差，分析出现偏差的原因；对比分析宠物粮包装成分分析保证值中水分含量是否符合国家标准要求。

饲料中水分含量的测定

任务评价

任务评价见任务 1-1-1 考核单。

任务资讯

1. 测定原理

将鲜样在（65±2）℃烘箱内，在 1 个大气压下，烘 5～6h，回潮 24h，烘去的游离水即为初水分，制得的样本为风干样本。

将饲粮风干样本在（105±2）℃烘箱内，在 1 个大气压下，烘至恒重，所失去的重量即为结合水的含量，剩余重量为绝干物质或干物质重。

将宠物粮样品在（105±2）℃烘箱内，在 1 个大气压下烘干，直至恒重，逸失的质量为水分。在该温度下干燥，不仅宠物粮中的吸附水被蒸发，同时一部分胶体水分也被蒸发，另外还有少量挥发油挥发。

2. 动物体内水分的分布

（1）体内总水量　一般是幼龄的较多，成年的较少；瘦者较多，肥者较少；雌性较多，雄性较少。同一种动物从小到大，体内水分含量变动在 50%～80% 之间，主要受其年龄和体脂肪沉积量的影响。当机体水分减少 2% 时，会出现口渴、食欲减退和尿量减少等症状；失水 10% 时，消化功能开始紊乱；失水 20% 时，机体就会死亡。

（2）**体内水的分布** 细胞内水分，成年动物占 70%；细胞外水分，包括血浆、体液、淋巴液和组织液，成年动物占 30%。

3. 水分的营养功能

① 水是机体内最重要的溶剂；
② 水是机体各种生化反应的媒介；
③ 水可调节动物的体温；
④ 水可以维持组织器官形态，保持动物体形态；
⑤ 水可作为动物体内的润滑剂。

4. 水分的来源

机体对水的摄取，主要有以下三种途径。

（1）**饮水** 饮水是机体摄取水分量最大、最直接的方式，是调节体内水平衡的重要环节。动物饮水的多少，与动物种类、生理状态、生产水平、日粮成分、环境温度有关。

（2）**从饲粮中获取水分** 不同饲粮，含水量各有不同，干粮中水分含量较少，一般含水量不足 14%；半湿粮和湿粮水分含量较高，罐装湿粮含水量可达 80% 以上。

（3）**代谢水** 是动物体细胞中，有机物质氧化分解或合成过程中所产生的水，属于内源水。大多数动物体中，代谢水含量占总摄水量的 5%～10%。

5. 水分的排泄

无论是哪种途径摄入的水分，均需经机体代谢排出体外，从而保持内环境的稳定平衡。动物体内的水，经复杂的代谢过程，主要通过粪尿排泄、皮肤和呼吸蒸发和离体产品三种途径排出体外。

（1）**粪尿排泄** 动物由粪尿排出的水，受总摄水量、饲粮性质、活动量、外界温度以及动物种类等多种因素的影响。动物随尿排出的水，占总排出量的 50% 左右，尿排出的水量受总摄水量影响，摄入越多，排出越多。粪便中的排水量随动物种类及饲粮成分不同而不同。犬、猫等动物的粪便较干，由其排出的水分较少，只有当肠吸收功能受到严重干扰及腹泻时，才从此种途径丢失大量的水分。

（2）**皮肤和呼吸蒸发** 皮肤和呼吸蒸发排出的水分是连续的、无知觉的。由皮肤表面失水的方式有两种，一种是毛细血管和细胞间隙的水，扩散到皮肤表面蒸发，称为不感觉失水；另外一种是通过排汗失水，又叫显汗失水。具有汗腺的动物由显汗失水排出水较不感觉失水多，但犬、猫等汗腺不发达或缺失汗腺的动物，体内水的蒸发多以水蒸气的形式经呼气排出。在特殊情况下，犬也可通过脚垫蒸发掉少量热量并带走少量水分。

（3）**经离体产品排出** 对于泌乳期的动物来讲，乳汁的排出是重要的排水途径。犬、猫乳汁中的水分可达到 70% 左右。

6. 影响需水量的因素

（1）**品种、体型等** 不同品种、不同体型、不同时期、不同状态的动物，对水的需求量不同。例如，大型犬需水量大于小型犬；幼龄动物需水量大于成年动物；哺乳期的母体需水量大于非哺乳期母体；运动后的需水量大于静止时的需水量。

水的营养

（2）**日粮影响** 动物采食饲料的干物质越多，需水量越多。除禽类外，食入高蛋白日粮越多，需水量越多。日粮中脂肪、粗纤维、盐类含量越高，需水量也越大。

7. 宠物粮中水分含量

（1）《全价宠物食品　犬粮》（GB/T 31216—2014）规定　犬粮水分含量见表1-1。

表1-1　水分指标（犬粮）

产品种类	指标 x/%	试验方法
干(性)犬粮	$x < 14.0$	GB/T 6435
半湿(性)犬粮	$14.0 \leqslant x < 60.0$	
湿(性)犬粮	$x \geqslant 60.0$	

（2）《全价宠物食品　猫粮》（GB/T 31217—2014）规定　猫粮水分含量见表1-2。

表1-2　水分指标（猫粮）

产品种类	指标 x/%	试验方法
干(性)猫粮	$x < 14.0$	GB/T 6435
半湿(性)猫粮	$14.0 \leqslant x < 60.0$	
湿(性)猫粮	$x \geqslant 60.0$	

任务1-1-2　宠物粮中粗蛋白含量的测定

知识目标

1. 概述凯氏定氮法的测定原理。
2. 概述宠物粮中粗蛋白含量的测定方法。

能力目标

1. 能独立完成宠物粮中粗蛋白含量的测定。
2. 对比分析测定数据与产品分析保证值的差异。

素质目标

1. 在完成测定的过程中，增强安全意识及规范化操作意识，习得严谨的科研工作态度。
2. 在对比分析结果的过程中提升辨识能力。

任务准备

1. 材料准备

准备一款包装完整（包装需含成分分析保证值列表）的犬粮或者猫粮（干性宠物粮），包装规格至少1000g。

2. 准备测定过程中所需的仪器以及药品

（1）仪器设备

① 实验室用样品粉碎机。

② 分析筛：孔径 0.45mm（40 目）。
③ 分析天平：感量 0.0001g。
④ 消煮炉或电炉。
⑤ 滴定装置。
⑥ 凯氏烧瓶：250mL。
⑦ 凯氏蒸馏装置：半微量蒸馏装置。
⑧ 锥形瓶：150mL。
⑨ 容量瓶：100mL。
⑩ 移液管：10mL。
⑪ 量筒：10mL、50mL。

（2）试剂及配制
① 浓硫酸，化学纯。
② 硫酸铜，化学纯。
③ 硫酸钾，化学纯；或硫酸钠，化学纯。
④ 400g/L 氢氧化钠溶液：40g 氢氧化钠溶于 100mL 水中。
⑤ 20g/L 硼酸溶液：2g 硼酸溶于 100mL 水中。
⑥ 盐酸标准滴定溶液：邻苯二甲酸氢钾法标定。
盐酸标准溶液：c（HCl）=0.1mol/L；8.3mL 盐酸（分析纯）注入 1000mL 水中。
盐酸标准溶液：c（HCl）=0.2mol/L；16.7mL 盐酸（分析纯）注入 1000mL 水中。
⑦ 混合指示剂：甲基红 1g/L 乙醇溶液与溴甲酚绿 5g/L 乙醇溶液，两溶液等体积混合，置阴凉处，保存期为 3 个月；此混合指示剂在碱性溶液中呈蓝色，中性溶液中呈灰色，强酸性溶液中呈红色，在硼酸吸收液中呈酒红色，在吸收氨的硼酸溶液中呈蓝色。
⑧ 硫酸铵，分析纯，干燥。
⑨ 蔗糖，分析纯。

任务实施

1. 制备试样
要求其原始样品量在 1000g 以上，用四分法将原始样品缩至 500g，再缩至 200g，粉碎至 40 目，装入密封容器，放阴凉干燥处备用，将数据记录在任务 1-1-2 实施单。

2. 进行粗蛋白含量的测定
（1）试样的消化 称取 0.5～1g 试样，准确至 0.0002g，使用硫酸纸无损地放入凯氏烧瓶或消化管中，加入硫酸铜（$CuSO_4 \cdot 5H_2O$）0.4g，无水硫酸钾（或无水硫酸钠）6g，与试样混合均匀，再加浓硫酸 10mL 和 2 粒玻璃珠，将凯氏烧瓶或消化管放在通风柜里的电炉或消煮炉上小心加热，待样品焦化，泡沫消失，再加大火力（360～410℃），直至溶液澄清后，再加热消化 15min；空白实验称取蔗糖 0.5g，以代替试样，同样消化至澄清；将数据记录在任务 1-1-2 实施单。

（2）制备试样分解液 将试样消煮液冷却，加水 20mL，移入 100mL 容量瓶中，用蒸馏水少量多次冲洗凯氏烧瓶，洗液亦注入容量瓶中，注意不要超出刻度线，冷却后用蒸馏水稀释至刻度，摇匀，作为试样分解液。

（3）蒸馏装置的清洗 将蒸馏水加入半微量凯氏蒸馏装置内室，夹紧止水夹，用吸耳球吹出内室的水，清洗 2 次；冷凝管末端用蒸馏水冲洗干净。

（4）**氨的蒸馏**　取硼酸溶液 35mL，加混合指示剂 2 滴（此时溶液呈酒红色），使冷凝管末端浸入此溶液。用移液管准确移取试样分解液 10mL，注入蒸馏装置的反应室中，用少量水冲洗进样入口，再加 10mL 氢氧化钠溶液，用少量水冲洗进样入口，关好进样入口，而且在入口处加水封好，防止漏气；开通冷凝水，加热蒸馏，待接收瓶中吸收液变为蓝色时，开始计时 5min，使冷凝管末端离开吸收液面，再蒸馏 1min，用水冲洗冷凝管末端，洗液均流入锥形瓶内，然后停止蒸馏。

（5）**滴定**　立即用 0.1mol/L 或 0.2mol/L 盐酸标准滴定溶液进行滴定，溶液由蓝色变为酒红色为终点，将数据记录在任务 1-1-2 实施单。

（6）**空白测定**　在测定饲料样品中含氮量的同时，应做一空白对照测定，即各种试剂的用量及操作步骤完全相同，但不加试样。这样可以校正因试剂不纯所发生的误差。空白实验滴定消耗 0.1mol/L 盐酸标准滴定溶液的体积不超过 0.2mL，消耗 0.2mol/L 盐酸标准滴定溶液的体积不超过 0.3mL。

（7）**测定步骤的检验**　精确称取 0.2g 硫酸铵，代替试样，按测定步骤操作，测得硫酸铵含氮量为 21.19%±0.20%，否则应检查加碱、蒸馏和滴定各步骤是否正确。

任务结果

1. 测定结果的计算

（1）**计算公式**　试样中粗蛋白质量分数计算公式如下：

$$\omega(\mathrm{CP}) = \frac{(V_1 - V_2)c \times 0.014 \times 6.25}{m \times (V_0 / V)} \times 100\%$$

式中，c 为盐酸标准滴定溶液浓度，mol/L；m 为试样质量，g；V_1 为滴定试样时所需盐酸标准滴定溶液体积，mL；V_2 为空白滴定所需盐酸标准滴定溶液体积，mL；V 为试样分解液总体积，mL；V_0 为试样分解液蒸馏用体积，mL；0.014 为与 1.00mL 盐酸标准滴定溶液 [c（HCl）= 1.000mol/L] 相当的以克表示的氮的质量，g/mmol；6.25 为氮换算成蛋白质的平均系数。

（2）**重复性**　每个试样取 2 个平行样进行测定，以其算术平均值为结果；当粗蛋白含量在 25% 以上时，允许相对偏差为 1%；当粗蛋白含量在 10%~25% 时，允许相对偏差为 2%；当粗蛋白含量在 10% 以下时，允许相对偏差为 3%。

2. 结果分析

对照宠物粮包装成分分析保证值列表，检查是否出现测定结果偏差，如有偏差，分析出现偏差的原因；对比分析宠物粮包装成分分析保证值中蛋白质含量是否符合国家标准要求。将测定和分析结果记录在任务 1-1-2 实施单。

样品中粗蛋白质的测定

任务评价

任务评价见任务 1-1-2 考核单。

任务资讯

1. 测定原理

各种饲料的有机物质在催化剂（如硫酸铜或硒粉）的帮助下，用浓硫酸进行消化作用，使蛋白质和氨态氮（在一定处理条件下也包括硝酸态氮）都转变成氨气，并被浓硫酸吸收变为硫酸铵；而非含氮物质，则以二氧化碳、水、二氧化硫的气体状态逸出。消化液在浓碱的作用下进行蒸馏，释放出的氨气，通过蒸馏，氨气随水汽顺着冷凝管流入硼酸吸收液中，并与其结合成硼酸铵，然后以甲基红-溴甲酚绿作混合指示剂，用盐酸标准滴定溶液进行滴定，求出氮的含量，再乘以一定的换算系数（通常用6.25系数计算），得出样品中粗蛋白的含量。

2. 测定过程中需注意的事项

① 加浓硫酸时，应戴胶皮手套，而且戴手套前应修剪指甲，以防止手套太紧或指甲太长划破手套，以致在操作时烧伤皮肤。

② 消化过程中应防止瓶内液体过度沸腾喷溅上冲沾到瓶颈上，使得部分样品消化不完全，造成系统误差过大，烧瓶内液体泡沫过多时可适当降温。

③ 为减少蒸馏时逸出损失，建议消化管或凯氏烧瓶加盖小漏斗消化。

④ 消化完成后，向容量瓶转移，不要立即定容，因为此时浓硫酸加水释放出大量热，立即定容会造成偶然误差偏大。

⑤ 凯氏定氮蒸馏过程中，要求整套装置呈密闭状态，蒸馏前应检查定氮仪各导管间的连接处是否密闭，以免产生泄漏。

⑥ 使用蒸馏仪器时，严禁将蒸馏瓶两侧的阀门同时关闭，以免发生爆炸。当蒸气压过大时，可使导气管处于半关闭状态。

⑦ 蒸馏完毕应先取下接收瓶，然后关闭电源，以免酸液倒流。

3. 蛋白质的定义及组成

（1）**蛋白质的定义**　蛋白质是由不同种类氨基酸通过肽键、氢键形成复杂三维立体结构的高分子有机化合物的总称。宠物在生长发育过程中需要不断从自然界获得蛋白质。

（2）**蛋白质的组成**　蛋白质主要的组成元素为碳、氢、氧、氮和少量的硫，少数含有磷、铁、铜和碘等元素。构成蛋白质的基本单位是氨基酸，氨基酸的数量、种类和排列顺序的变化，组成了各种各样的蛋白质。

4. 蛋白质的营养功能

（1）**蛋白质是构成机体最基本的物质**　机体各种组织器官如肌肉、皮肤、内脏、神经、血液、精液、毛发等，均由蛋白质作为结构物质而形成。如白蛋白是构成体液的主要组分，角蛋白与胶质蛋白则是构成筋腱、韧带、毛发和蹄角等的主要组分。

（2）**蛋白质是组织更新、修补的必需物质**　机体新陈代谢过程中，组织和器官的更新、损伤组织的修补都需要蛋白质。

（3）**蛋白质是机体内功能性物质的主要成分**　催化和调节代谢过程的酶和激素、增强防御功能和提高抗病力的免疫球蛋白、运输脂溶性维生素和其他脂肪代谢产物的脂蛋白、运载氧气的血红蛋白、维持机体内环境酸碱平衡的缓冲物质等都与蛋白质有关。

（4）**蛋白质可供能储能**　蛋白质可氧化供能，或在机体能量供应不足时，在体内氧化分解，释放能量，维持机体的代谢活动；当摄入蛋白质过量或蛋白质品质不佳时，多余的氨基酸经分解氧化供能或转化为体脂肪贮存起来，以备能量不足时动用。

（5）**蛋白质是组成遗传物质的基础**　遗传物质DNA与组蛋白结合成为一种称为核蛋白的复合体，存在于染色体上，将本身蕴藏的遗传信息通过自身的复制过程传递给下一代。

5. 犬、猫的必需氨基酸

组成蛋白质的氨基酸有20多种。某些种类氨基酸在动物体内不能合成或者合成速度和数量不能满足机体需要，必须由日粮供给，这类氨基酸称为必需氨基酸。机体自身可以合成或可由其他氨基酸转化替代，无需日粮供给即可满足机体需要的氨基酸统称为非必需氨基酸。

（1）犬的十种必需氨基酸　赖氨酸、蛋氨酸（甲硫氨酸）、色氨酸、精氨酸、组氨酸、异亮氨酸、亮氨酸、苯丙氨酸、苏氨酸、缬氨酸。

（2）猫的十一种必需氨基酸　赖氨酸、蛋氨酸（甲硫氨酸）、色氨酸、精氨酸、组氨酸、异亮氨酸、亮氨酸、苯丙氨酸、苏氨酸、缬氨酸、牛磺酸。猫合成牛磺酸的能力有限，只能利用食物中的牛磺酸。

6. 蛋白质的消化、吸收与代谢

对单胃动物而言（犬、猫等），蛋白质进入胃，在胃酸与胃蛋白酶的作用下，部分被分解为胨与胼，与未被消化的部分共同进入小肠，在小肠中经胰蛋白酶和糜蛋白酶的作用消化分解而生成游离氨基酸和小分子肽（寡肽），未被消化的以粪便的形式排出体外。单胃动物主要以氨基酸的形式吸收利用蛋白质，其吸收部位主要在十二指肠，蛋白质在体内不断发生分解和合成，无论是外源性蛋白质还是内源性蛋白质，均是首先分解为氨基酸，然后进行代谢。因此，蛋白质代谢实质上是氨基酸的代谢。动物的种类不同，其蛋白质消化的特点各不相同。

蛋白质营养

猫为什么需要额外补充牛磺酸？

蛋白质的消化、吸收及代谢

7. 宠物粮中粗蛋白含量

（1）《全价宠物食品　犬粮》（GB/T 31216—2014）规定　犬粮粗蛋白含量见表1-3。

表1-3　粗蛋白指标（犬粮）

项目	指标（以干物质计）/ %		试验方法
	幼（年）犬粮、妊娠期犬粮、哺乳期犬粮	成（年）犬粮	
粗蛋白	≥ 22.0	≥ 18.0	GB/T 6432

（2）《全价宠物食品　猫粮》（GB/T 31217—2014）规定　猫粮粗蛋白含量见表1-4。

表1-4　粗蛋白指标（猫粮）

项目	指标（以干物质计）/ %		试验方法
	幼（年）猫粮、妊娠期猫粮、哺乳期猫粮	成（年）猫粮	
粗蛋白	≥ 28.0	≥ 25.0	GB/T 6432

任务1-1-3　宠物粮中粗脂肪含量的测定

 知识目标

1. 概述粗脂肪测定的原理。
2. 概述宠物粮中粗脂肪含量的测定方法。

 能力目标

1. 能独立完成宠物粮中粗脂肪含量的测定。
2. 能对比分析测定数据与产品成分分析保证值的差异。

 素质目标

1. 在完成测定的过程中，增强安全意识及规范化操作意识，习得严谨的科研工作态度。
2. 在对比分析结果的过程中提升辨识能力。

 任务准备

1. 材料准备

准备一款包装完整（包装需含成分分析保证值列表）的犬粮或者猫粮（干性宠物粮），包装规格至少 1000g。

2. 准备测定过程中所需的仪器以及药品

（1）仪器设备

① 实验室用样品粉碎机。
② 分析筛：孔径 0.45mm（40 目）。
③ 分析天平：感量 0.0001g。
④ 电热恒温水浴锅：室温至 100℃。
⑤ 恒温烘干箱：可控制温度为（105±2）℃。
⑥ 索氏脂肪提取器：100mL 或 150mL。
⑦ 干燥器：用变色硅胶或氯化钙做干燥剂。
⑧ 滤纸：中速，脱脂。

（2）试剂及配制　无水乙醚，分析纯。

任务实施

1. 制备试样

要求其原始样品量在 1000g 以上，用四分法将原始样品缩至 500g，再缩至 200g，粉碎至 40 目，装入密封容器，放阴凉干燥处备用。

2. 进行粗脂肪含量的测定（残余法）

① 干燥索氏提取器。将抽提瓶（内有沸石数粒）在（105±2）℃烘箱中烘干 30min，干燥器中冷却 30min，称重。再烘干 30min，同样冷却称重，两次称重之差小于 0.0002g 为恒

重，将数据记录在任务 1-1-3 实施单。

② 称取试样 1～5g（准确至 0.0002g），用滤纸包好，并用铅笔注明标号，放入（105±2）℃烘箱中烘干 2h（或称测水分后的干试样，折算成风干样重），滤纸包长度应以可全部浸泡于乙醚中为准，将数据记录在任务 1-1-3 实施单。

③ 将滤纸包放入抽提管中，在抽提瓶中加无水乙醚 60～100mL，在 60～75℃的水浴（用蒸馏水）上加热，使乙醚回流，控制乙醚回流次数为每小时约 10 次，共回流约 50 次（含油高的试样约 70 次），或检查抽提管流出的乙醚挥发后不留下油迹为抽提终点。

④ 取出滤纸包，置于干净表面皿上晾干 20～30min，然后装入同号码称量瓶中，置于（105±2）℃烘箱中烘干 2h，干燥器中冷却 30min，称重；再烘干 30min，同样冷却称重，两次称重之差小于 0.001g 为恒重，将数据记录在任务 1-1-3 实施单。

⑤ 称重烘干后的滤纸包，将数据记录在任务 1-1-3 实施单。

任务结果

1. 测定结果的计算

（1）计算公式

$$\omega(\text{EE}) = \frac{m_1 - m_2}{m} \times 100\%$$

式中，m_1 为装有试样滤纸包浸提前质量，g；m_2 为装有试样滤纸包浸提后质量，g；m 为试样质量，g。

（2）**重复性** 每个试样取 2 个平行样进行测定，以其算术平均值为结果；当粗脂肪含量在 10% 以上（含 10%）时，允许相对偏差为 3%；当粗脂肪含量在 10% 以下时，允许相对偏差为 5%。

2. 结果分析

对照宠物粮包装成分分析保证值列表，检查是否出现实验偏差，如有偏差，分析出现偏差的原因；对比分析宠物粮包装成分分析保证值中粗脂肪含量是否符合国家标准要求。

样品中粗脂肪的测定

任务评价

任务评价见任务 1-1-3 考核单。

任务资讯

1. 测定原理

饲料脂肪的测定，通常是将试样放在特制的仪器中，用脂溶性溶剂（乙醚、石油醚、氯仿等）反复抽提，可把脂肪抽提出来。浸提出的物质除脂肪外，还有一部分类脂物质也被浸出，如游离脂肪酸、磷脂、蜡、色素以及脂溶性维生素等，所以称为粗脂肪。测定粗脂肪的常用方法有油重法、残余法、浸泡法等。

本任务采用残余法，试样经脂溶性溶剂反复抽提，使全部脂肪除去，根据试样质量和残渣质量之差计算粗脂肪含量。

2. 测定过程中需要注意的事项

脂肪抽提过程中，时刻注意水电安全，实验过程中如遇停电，冷凝水要待水浴锅温度下降到抽提瓶内乙醚不沸腾为止，才能关掉；如遇停水情况，应马上断开电源，将抽提瓶拿离水浴锅。

3. 脂肪的组成及分类

（1）**脂肪的组成**　脂肪由碳、氢、氧三种元素组成，与糖类、蛋白质相比较，碳、氢含量较多，氧含量较少。

（2）**脂肪和脂肪酸的分类**

① 脂肪的分类：脂肪根据其结构不同，主要分为真脂肪和类脂肪两大类，两者统称为粗脂肪。真脂肪在体内脂肪酶的作用下，分解为甘油和脂肪酸，类脂肪则除了分解为甘油和脂肪酸外，还有磷酸、糖和其他含氮物质。

② 脂肪酸的分类：构成脂肪的脂肪酸种类很多，包括饱和脂肪酸和不饱和脂肪酸。植物油脂中不饱和脂肪酸含量高于动物油脂，所以常温下植物油脂呈液态，而动物油脂呈现固态。

4. 脂肪的主要性质

（1）**脂肪的水解**　在稀酸、强碱或酶的作用下水解为甘油和脂肪酸的过程。水解后的脂肪酸大多无臭、无味，但低级脂肪酸，如丁酸和乙酸具有强烈的异味。多种细菌和霉菌均可产生脂肪酶，当日粮保存不当时，脂肪易发生水解，使得饲料品质下降。

（2）**脂肪的氧化酸败**　脂肪暴露在空气中，经光、热、水分或微生物的作用，氧化生成过氧化物，再分解产生低级的醛、酮、酸等化合物，产生特殊的酸臭味，这一过程称为脂肪的氧化酸败。脂肪酸败产生的醛、酮、酸等化合物，不仅具有刺激性气味，而且在氧化过程中，所生成的过氧化物，还会使一些脂溶性维生素发生破坏，从而影响机体健康。

（3）**脂肪的氢化作用**　脂肪中的不饱和脂肪酸分子结构中含有双键，可与氢发生加成反应使双键消失，转变为饱和脂肪酸，从而使脂肪硬度增加，熔点增高，不易酸败，有利于贮存，这种作用叫脂肪的氢化作用。

5. 脂肪的营养功能

（1）**脂肪是构成动物体组织的重要原料**　动物体各种组织器官，如神经、肌肉、骨骼、皮肤和血液的组成中均含有脂肪，主要为磷脂、糖脂和固醇等。脑和外周神经组织含有鞘磷脂；细胞膜上的双分子层含有磷脂。

（2）**脂肪是机体供能和贮能的最好形式**　脂肪在体内氧化所产生的能量，为同等质量碳水化合物和蛋白质的 2.25 倍。动物摄入过多有机物质时，可以以体脂肪形式将能量贮备起来。宠物食品中添加一定的植物油或动物脂肪可以降低热增耗，提高能量利用率。

（3）**脂肪是脂溶性维生素的载体**　日粮中的脂溶性维生素均需溶于脂肪后才能被吸收，而且吸收过程，还需要脂肪作为载体参与。

（4）**脂肪可为机体提供必需氨基酸**　在动物体内不能合成或合成的数量不能满足需要，必须由食物供给的不饱和脂肪酸称为必需脂肪酸。亚油酸、亚麻酸和花生四烯酸，这三种必需氨基酸对于幼龄动物的健康生长发育具有重要作用。缺乏时，导致生长停滞，甚至死亡。

（5）**支持保护脏器和关节的作用**　脂肪充填在脏器周围，具有固定和保护器官及缓和外力冲击的作用。

（6）**隔热保温作用**　皮下脂肪能够防止体热的散失，在寒冷季节，有利于维持体温的恒定性。

（7）**脂肪是宠物产品的组成成分** 宠物的乳汁中含有一定数量的脂肪，脂肪的缺乏会影响到动物产品的形成和品质。

6. 脂肪的消化、吸收和代谢

犬、猫胃中的酸性环境不利于脂肪的乳化，因此胃脂肪酶对脂肪的消化甚少。小肠是脂肪消化与吸收的主要部位。大部分脂肪进入小肠后在胰液和胆汁的作用下，将脂肪水解成游离脂肪酸和甘油，这些游离脂肪酸及甘油透过细胞膜被吸收后，在黏膜上皮细胞内重新合成甘油三酯。重新合成的甘油三酯、磷脂与固醇可与特定的蛋白质结合，形成乳糜微粒和极低密度脂蛋白，通过淋巴系统进入血液循环，进而分布于脂肪组织中。幼小宠物在胰液和胆汁的分泌功能尚未发育完全时，口腔的脂肪酶对乳脂肪有较好的消化作用，随着年龄的增加，口腔中的脂肪酶逐步减少。

你知道犬、猫的必需脂肪酸有哪些吗？　　　　脂肪营养　　　　脂肪的消化、吸收及代谢

7. 宠物粮中粗脂肪含量

（1）**《GB/T 31216—2014 全价宠物食品　犬粮》规定**　犬粮粗脂肪含量见表 1-5。

表 1-5　粗脂肪指标（犬粮）

项目	指标（以干物质计）/%		试验方法
	幼（年）犬粮、妊娠期犬粮、哺乳期犬粮	成（年）犬粮	
粗脂肪	≥8.0	≥5.0	GB/T 6433

（2）**《GB/T 31217—2014 全价宠物食品　猫粮》规定**　猫粮粗脂肪含量见表 1-6。

表 1-6　粗脂肪指标（猫粮）

项目	指标（以干物质计）/%		试验方法
	幼（年）猫粮、妊娠期猫粮、哺乳期猫粮	成（年）猫粮	
粗脂肪	≥9.0	≥9.0	GB/T 6433

 知识拓展

碳水化合物是自然界存在最多、分布最广的一类重要有机化合物，除个别的衍生物中含有少量氮、硫等元素外，都由碳、氢、氧这 3 种元素组成。

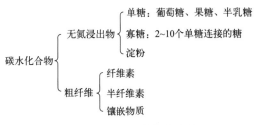

图1-1 碳水化合物的分类

（1）碳水化合物的分类 碳水化合物按结构性质分为无氮浸出物和粗纤维两部分，具体分类见图1-1所示。

碳水化合物中的无氮浸出物主要存在于细胞内容物中。各种原料的无氮浸出物含量差异很大，其中以块根块茎类及禾本科籽实类中含量最多。粗纤维多存在于植物的茎叶、秸秆和秕壳中。纤维素、半纤维素和果胶不能被消化道分泌的酶水解，但能被消化道中微生物酵解，酵解后的产物才能被宠物吸收和利用。木质素不能被宠物利用。

（2）碳水化合物在宠物体内存在的形式 宠物饲粮中含有大量碳水化合物，但宠物体内的碳水化合物仅占体重的1%以下，主要存在形式有血液中的葡萄糖、肝脏和肌肉中贮存的糖原及乳中的乳糖。另外，碳水化合物还以糖胺聚糖、糖蛋白、糖脂等杂多糖的形式存在于宠物的组织器官中。

（3）碳水化合物的营养功能

① 碳水化合物是宠物能量的主要来源。葡萄糖是大脑神经系统、肌肉、脂肪组织、乳腺等代谢以及胎儿生长发育的唯一能源。碳水化合物除直接氧化供能外，也可转变成糖原和（或）脂肪贮存于肝脏、肌肉和脂肪组织中，但贮存量很少，一般不超过体重的1%。胎儿在妊娠后期能贮积大量糖原和脂肪用于出生后的能量需要。

② 碳水化合物是机体组织的构成物质。碳水化合物普遍存在于宠物体组织中，作为细胞的构成成分，参与多种生命过程，在组织生长的调节上起着重要作用。其中，核糖和脱氧核糖是细胞中遗传物质核酸的成分；糖胺聚糖参与结缔组织基质的形成；硫酸软骨素在软骨中起结构支持作用；糖蛋白是细胞膜的成分；糖脂是神经细胞的组成成分。

③ 碳水化合物是形成体脂肪、乳脂肪、乳糖的原料。当机体血糖恒定、糖原贮存量足够时，多余的碳水化合物可转变为体脂肪。碳水化合物也是合成乳脂肪和乳糖的原料。

④ 粗纤维对机体的作用。根据是否能溶解于水的物理特性，粗纤维可分为不溶性纤维和可溶性纤维。不溶性纤维通过增加肠内容物的体积，促进肠道蠕动，确保正常的肠道通过时间，还能增加粪便的硬度和容积；通常可改善通便，但对猫则可能增加粪便量，需要对给予的量进行调整。可溶性纤维存在于车前子、甜菜浆等植物中，具有很强的水分保持能力，可以增加消化道内容物的黏稠度，影响消化道内容物的输送速度。粗纤维体积大、吸水性强，可以填充胃肠容积，使动物食后有饱腹感。但过多的粗纤维影响宠物对于蛋白质、矿物质、脂肪和淀粉等营养物质的吸收与利用，还易引起便秘。因此，宠物日粮中粗纤维的水平以不超过5%为宜。但对于不爱运动或有肥胖倾向的宠物，日粮中粗纤维的作用更重要，建议日粮添加5%~15%为宜。

⑤ 低聚糖的特殊作用。碳水化合物中的低聚糖已知有1000种以上，目前在宠物营养中常用的主要有低聚果糖、甘露寡糖、低聚异麦芽糖、低聚乳糖及低聚木糖。研究表明，低聚糖可作为有益菌的基质，改变肠道菌相，建立健康的肠道微生物区系。低聚糖还有消除消化道内病原菌、激活机体免疫系统等作用。日粮中添加低聚糖可增加机体免疫力，提高成活率、增重及饲料转换率。

（4）碳水化合物的消化吸收 日粮中无氮浸出物经宠物采食后进入口腔，少部分淀粉经唾液淀粉酶的作用，水解成糊精和麦芽糖；胃本身不含

碳水化合物营养

可以消化碳水化合物的酶类，胃内仅靠从口腔带入的淀粉酶进行微弱消化。无氮浸出物到达十二指肠后，在胰淀粉酶的作用下，淀粉水解为麦芽糖，麦芽糖在麦芽糖酶的作用下再水解为葡萄糖；蔗糖可分解为葡萄糖和果糖；乳糖可分解为葡萄糖和半乳糖，其中大部分被小肠壁吸收，经血液输送至肝脏。在肝脏中，其他单糖首先转变为葡萄糖，大部分葡萄糖经体循环输送至身体各组织，参加三羧酸循环，氧化供能；一部分葡萄糖在肝脏合成肝糖原，另一部分葡萄糖通过血液输送至肌肉中形成肌糖原；过量的葡萄糖被输送至宠物的脂肪组织及细胞中合成体脂肪作为能源贮备。随后食糜由小肠排入盲肠、结肠，在微生物作用下，产生挥发性脂肪酸和 CO_2、甲烷等气体。

犬、猫的胃和小肠不含消化粗纤维的酶类，但大肠中的细菌可以将粗纤维发酵降解为乙酸、丙酸和丁酸等挥发性脂肪酸和一些气体。部分挥发性脂肪酸可被肠壁吸收，经血液输送至肝脏，进而被机体所利用，气体则被排出体外。宠物的肠管较短，对粗纤维的利用能力很弱。未被消化吸收的碳水化合物最终以粪便的形式排出体外。

整个消化过程中，宠物犬、猫对碳水化合物的利用，主要是对无氮浸出物的利用，是以酶的消化方式进行，最终分解产物为各种单糖，多从小肠进入机体参与代谢；对粗纤维的利用，则是通过肠微生物的发酵，将粗纤维分解成各种挥发性脂肪酸。

碳水化合物的消化、吸收及代谢

任务1-1-4　宠物粮中水溶性氯化物含量的测定

 知识目标

1. 概述水溶性氯化物测定的原理。
2. 概述宠物粮中水溶性氯化物含量的测定方法。

 能力目标

1. 能独立完成宠物粮中水溶性氯化物含量的测定。
2. 能对比分析测定数据与产品成分分析保证值的差异。

 素质目标

1. 在完成测定的过程中，增强安全意识及规范化操作意识，习得严谨的科研工作态度。
2. 在对比分析结果的过程中提升辨识能力。

 任务准备

1. 材料准备

准备一款包装完整（包装需含成分分析保证值列表）的犬粮或者猫粮（干性宠物粮），包装规格至少1000g。

2. 准备测定过程中所需的仪器以及药品

（1）仪器设备

① 实验室用样品粉碎机。

② 分析筛：孔径 0.45mm（40 目）。
③ 分析天平：感量 0.0001g。
④ 刻度移液管：20mL，1mL，2mL，5mL。
⑤ 量筒：50mL。
⑥ 酸式滴定管：25mL（棕色），25mL（白色）。
⑦ 单标线吸管：10mL，20mL，25mL。
⑧ 容量瓶：200mL，1000mL，100mL。
⑨ 锥形瓶：250mL。

（2）试剂及配制　使用试剂除特殊规定外均为分析纯，水为蒸馏水。
① 铬酸钾溶液：100g/L。
② 硝酸。
③ 硫酸铁指示剂：250g/L 的硫酸铁水溶液，过滤除去不溶物，与等体积浓硝酸混合均匀。
④ 硫氰酸铵（c_{NH_4SCN}=0.1mol/L）：7.6g 硫氰酸铵溶于 1000mL 水中。
⑤ 氯化钠标准储存液：称取 5.8454g 经 500℃灼烧 1h 的基准级氯化钠溶于水中，定容至 1000mL，此氯化钠标准储存液浓度为 0.1000mol/L。
⑥ 硝酸银标准溶液（c_{AgNO_3}=0.1mol/L）：称取 17.5g 硝酸银溶于 1000mL 水中，储于棕色瓶中。

任务实施

1. 制备试样
要求其原始样品量在 1000g 以上，用四分法将原始样品缩至 500g，再缩至 200g，粉碎至 40 目，装入密封容器，放阴凉干燥处备用。

2. 称样
精确称取样品 5g 左右（原料食盐精确称取 0.2g 左右），置于洁净干燥编号的大锥形瓶内，每个样品取两个平行样，将数据记录在任务 1-1-4 实施单。

3. 溶解
用量筒量取 200mL 水置于大锥形瓶内，注水时要使量筒瓶口贴着锥形瓶内壁，同时摇动锥形瓶，前 15min，每隔 5min 摇一次锥形瓶，后 15min 静置，静置完立即吸取上清液。

4. 吸液
将 20mL 吸管用上清液润洗两次后吸取上清液 20mL，注入盛有 50mL 水的小锥形瓶内（编号）。

5. 滴定
分别吸取铬酸钾 1mL 加入两个小锥形瓶内，摇匀，用标准硝酸银溶液滴定至橘红色即为终点，将数据记录在任务 1-1-4 实施单。

6. 空白测定
在测定饲料样品中水溶性氯化物的同时，应做一空白对照测定，即各种试剂的用量及操作步骤完全相同，但不加试样。这样可以校正因试剂不纯所发生的误差。

犬、猫粮中水溶性氯化物的测定

任务结果

1. 测定结果的计算

计算公式：

$$\omega(\text{NaCl}) = \frac{58.45 \times (V - V_0) \times c \times \dfrac{100}{1000}}{m \times \left(\dfrac{20}{200}\right)}$$

式中，m 为试样的质量，g；V 为硝酸银溶液体积，mL；V_0 为空白用硝酸银溶液的体积，mL；c 为硝酸银标准溶液浓度，mol/L；58.45 为氯化钠摩尔质量，g/mol。

2. 结果分析

对照宠物粮包装成分分析保证值列表，检查是否出现实验偏差，如有偏差，分析出现偏差的原因；对比分析宠物粮包装成分分析保证值中水溶性氯化物含量是否符合国家标准要求。将测定和分析结果记录在任务 1-1-4 实施单。

 任务评价

任务评价见任务 1-1-4 考核单。

 任务资讯

1. 测定原理

使试样中存在的氯化物溶于水，用标准的硝酸银溶液滴定，在 pH 为 6.5～10.5 环境中与氯化物发生沉淀反应，用铬酸钾为指示剂，溶液颜色为橘红色时即为终点。

2. 硝酸银标准溶液的标定（0.1mol/L）

（1）体积比　吸取硝酸银 20mL，加浓硝酸 4mL，硫酸铁指示剂 2mL，在剧烈摇动下用硫氰酸铵滴定，滴定至持久的淡红色为终点，由此计算两溶液的体积比，见下式：

$$F = \frac{20.00}{V_2}$$

式中，F 为硝酸银与硫氰酸铵体积比；20.00 为硝酸银的体积，mL；V_2 为消耗硫氰酸铵的体积，mL。

（2）标定　准确移取氯化钠标准储备液 10.00mL 于 250mL 锥形瓶中，加硝酸 4mL，硝酸银标准溶液 25.00mL，加硫酸铁指示剂 2mL，用硫氰酸铵溶液滴定出现淡红色，而且 30s 不褪色即为终点。

（3）计算

$$c(\text{AgNO}_3) = \frac{5.8454 \times \left(\dfrac{10}{1000}\right)}{0.05845 \times (V_1 - F \times V_2)}$$

式中，c 为硝酸银标准溶液浓度，mol/L；5.8454 为氯化钠质量，g；V_1 为硝酸银标准溶液体积，mL；V_2 为硫氰酸铵溶液体积，mL；F 为体积比；0.05845 为与 1.00mL 硝酸银标准溶液（c_{AgNO_3}=0.1mol/L）相当的以克表示的氯化钠质量，g/mmol。

3. 宠物粮中水溶性氯化物含量

（1）《全价宠物食品　犬粮》（GB/T 31216—2014）规定　犬粮水溶性氯化物含量见表1-7。

表1-7　水溶性氯化物指标（犬粮）

项目	指标（以干物质计）/%		试验方法
	幼（年）犬粮、妊娠期犬粮、哺乳期犬粮	成（年）犬粮	
水溶性氯化物（以 Cl^- 计）	≥0.45	≥0.09	GB/T 6439

（2）《全价宠物食品　猫粮》（GB/T 31217—2014）规定　猫粮水溶性氯化物含量见表1-8。

表1-8　水溶性氯化物指标（猫粮）

项目	指标（以干物质计）/%		试验方法
	幼（年）猫粮、妊娠期猫粮、哺乳期猫粮	成（年）猫粮	
水溶性氯化物（以 Cl^- 计）	≥0.3	≥0.3	GB/T 6439

4. 矿物质介绍

矿物质虽然在动物机体中所占比例小，但却是动物体不可缺少的成分，并起着极为重要的营养作用。现今已知，动物的必需常量矿物质元素有钙、磷、钾、钠、氯、镁、硫7种；微量矿物质元素有铁、钴、锌、锰、铜、碘、硒、钼、铬、氟等20多种。

认识矿物质

宠物的矿物质营养——钙、磷的介绍

饲料中钙的测定

饲料中磷的测定

（1）常量矿物质元素营养作用

①钙、磷的营养作用：机体内主要常量元素矿物质中，钙、磷含量最多，几乎占矿物质总量的65%～70%。钙可参与构成骨骼与牙齿；维持神经和肌肉兴奋性；维持细胞膜的通透性；调节激素分泌；钙信号在激活细胞参与细胞分裂过程中起信息传递作用。磷不仅构成骨骼与牙齿，还以有机磷的形式存在于细胞核和肌肉中，参与核酸代谢、能量代谢与蛋白质代谢；维持膜的完整性，在细胞膜结构中，磷脂是不可缺少的成分；磷酸盐也是体内重要的缓冲物质，参与维持体液的酸碱平衡。

宠物的矿物质营养——钾、钠、氯的介绍

宠物的矿物质营养——镁、硫的介绍

②钾、钠、氯的营养作用：体内钾、钠、氯的主要作用是维持电解质渗透压，调节酸碱平衡，控制水的代谢。钠和其他元素一起参与维持肌肉和神经的兴奋性，对心脏活动起调节作用。氯是胃酸中的主要阴离子，它与氢离子结合形成盐酸，使胃蛋白酶活化，并保持胃液呈酸性，具有杀菌作用。

③镁的营养作用：镁作为成分参与骨骼和牙齿组成；

作为酶的活化因子或直接参与如磷酸酶、氧化酶、激酶、肽酶、精氨酸酶等的组成,从而影响三大有机物的代谢;镁参与遗传物质 DNA、RNA 和蛋白质的合成;具有抑制调节神经、保持肌肉兴奋性,保证心脏、神经、肌肉正常功能的作用。

④ 硫的营养作用:日粮中的蛋白质是宠物获得硫元素的重要来源,青玉米和块根类食物含硫贫乏。硫元素多以含硫氨基酸形式参与被毛、羽毛、蹄爪等角蛋白的合成,在宠物的毛、羽中含硫量高达 4% 左右;硫是硫胺素、生物素和胰岛素的成分,参与糖代谢;硫作为糖胺聚糖的成分参与胶原蛋白及结缔组织的代谢等。

(2) 微量矿物质元素营养作用

① 铁的营养作用:铁是血红蛋白和肌红蛋白的重要构成成分。血红蛋白是红细胞中负责向全身输送氧气的色素蛋白;肌红蛋白存在于肌肉中,与血红蛋白作用相同。铁作为参与细胞呼吸的酶,发挥着多种辅酶的功能。乳铁蛋白在肠道内调节菌群,有预防新生宠物腹泻的作用。

② 铜的营养作用:促进红细胞的成熟,并参与血红蛋白的合成,即参与造血过程;参与骨骼的形成,维持骨骼的正常发育;参与被毛中黑色素的形成,与毛发生长和色素沉着有关;和动物的繁殖功能有关;维持血管正常功能;参与血清免疫球蛋白的构成,增强机体免疫功能。

③ 硒的营养作用:机体内含硒量最高的器官是肌肉,其次是肝和肾。硒是谷胱甘肽过氧化物酶的主要成分,具有抗氧化作用,能分解组织脂类氧化产生的过氧化物,保护细胞膜的完整性;硒具有保证肠道脂肪酶活性,促进乳糜微粒正常形成,从而促进脂类及其脂溶性物质消化吸收的作用;硒在机体内有拮抗和降低铅、镉、汞和砷等元素毒性的作用;硒还有活化含硫氨基酸和抗癌的作用。

④ 锌的营养作用:锌可参与体内酶组成;维持激素的正常作用;维持上皮细胞和皮毛的正常形态;维持生物膜的正常结构和功能,对膜中正常受体的功能有保护作用;参与骨骼和角质的生长并能增强机体免疫和抗感染能力,促进伤口愈合。

微量元素——铁的介绍　　微量元素——铜的介绍　　微量元素——锌的介绍　　微量元素——锰的介绍

⑤ 碘的营养作用:帮助合成甲状腺激素,作为甲状腺激素的成分,对生长和发育起重要作用;调节代谢和维持体内热平衡,对繁殖、生长、发育、红细胞生成和血液循环等起调控作用。

⑥ 锰的营养作用:锰是精氨酸酶和脯氨酸肽酶的成分,又是肠肽酶、羧化酶、ATP 酶等的激活剂,参与蛋白质、碳水化合物、脂肪和核酸代谢;锰参与骨骼基质中硫酸软骨素的生成,并影响骨骼中磷酸酶的活性;锰可催化性激素的前体胆固醇的合成,与宠物繁殖有关;锰还与造血功能密切相关,并维持大脑的正常功能。

⑦ 钴的营养作用:钴是维生素 B_{12} 的主要成分,维生素 B_{12} 促进血红素的形成,在蛋白质、蛋氨酸和叶酸等代谢中起重要作用;钴是磷酸葡萄糖变位酶和精氨酸酶等的激活剂,与蛋白质和糖代谢有关。

任务1-2
宠物食品标签评价

知识目标
1. 归纳总结宠物食品标签组成因素。
2. 熟知产品成分分析保证值、宠物食品原料的组成及标示方法。

能力目标
1. 能够按照宠物饲料标签规定的要求，识别并评价宠物食品标签。
2. 能够为客户解读宠物食品标签。

素质目标
1. 在识别及评价宠物食品标签的过程中提升规范意识和辨识能力。
2. 在解读宠物食品标签的过程中培养讲解、沟通能力及团队协作能力。

任务准备
准备 5 款不同的宠物食品（如无实物，可用完整的宠物食品外包装或者照片替代）。

任务实施

1. 标签评价

① 查看产品外包装产品合格相关信息：醒目位置需标示"本产品符合宠物饲料卫生规定"的字样；以粘贴或者印刷等形式附具产品质量检验合格证；在中国境内生产的宠物饲料产品标签上应当标示产品所执行的产品标准编号；进口宠物配合饲料、宠物添加剂预混合饲料应当标示进口产品复核检验报告的编号。

② 查看产品包装标示的通用名称及商品名称，具体标示方法参照任务资讯 2。

③ 查看产品净含量：净含量标示由净含量、数字和法定计量单位组成；净含量与产品名称应当位于标签的同一展示版面；具体标示方法参照任务资讯 3。

④ 查看产品成分分析保证值：应当包括的项目、要求及具体标示方法参照任务资讯 4。

⑤ 查看宠物食品原料组成：具体标示方法参照任务资讯 5。

⑥ 查看产品使用说明：使用说明应当根据宠物的生命阶段、活动量和体型类别标示推荐饲喂量或者饲喂建议。

⑦ 查看产品使用注意事项：宠物饲料产品标签上应当标示产品使用的注意事项；具体标

示方法参照任务资讯6。

⑧ 查看产品外包装生产日期及保质期等信息;具体标示方法参照任务资讯7。

⑨ 查看产品外包装标示的贮存条件及贮存方法相关信息。

⑩ 查看产品外包装的企业名称、生产许可证编号、注册地址、生产地址、联系方式相关信息;具体标示方法参照任务资讯8。

2. 情景模拟

你是一家宠物店负责销售宠物食品的工作人员,有一名顾客想要了解某一款宠物食品的相关信息,请根据产品标签显示内容向顾客进行解读(请从以上5款宠物食品中选择一种进行模拟解读),并记录实施过程。

 任务结果

① 将5款产品的名称、包装规格、原料组成、成分分析保证值、饲喂指南、贮存条件填写在任务1-2实施单中;并评价以上5款产品是否存在不符合《宠物饲料标签规定》的内容,并具体说明。

② 将情景模拟过程记录于任务1-2实施单中。

 任务评价

任务评价见任务1-2考核单。

 任务资讯

1. 宠物饲料标签介绍

宠物饲料标签是指以文字、符号、数字、图形等方式粘贴印刷或者附着在产品包装上用以表示产品信息的说明物的总称。

我国《宠物饲料标签规定》第三条:在中华人民共和国境内生产、销售的宠物饲料产品的标签应当按照本规定要求标示产品名称、原料组成、产品成分分析保证值、净含量、贮存条件、使用说明、注意事项、生产日期、保质期、许可证明文件编号和产品标准等信息。以皇家宠物食品成猫肠道全价处方粮包装示例,见图1-2~图1-4。

2. 产品名称标示规定

宠物饲料产品名称应采用通用名称,并应位于产品包装的主要展示版面。通用名称应使用统一的字体、字号和颜色,不可突出或强调其中任何部分内容。在标示通用名称同时,可以标示商品名称,但应当放在通用名称之后或之下,其字号不得大于通用名称。

图1-2 包装正面

(1)**宠物配合饲料的通用名称** 应当标示"宠物配合饲料""宠物全价饲料""全价宠物食品"或者"全价"字样,并标示适用宠物的种类及生命阶段。适用宠物种类可以具体至犬、猫的品种或体型,如不标示则默认适用于所有品种和体型;生命阶段包括幼年期、成年期、老年期、妊娠期和哺乳期等，如不标示则默认适用于所有生命阶段。为满足宠物特定生理、病理状态下营养需要生产的宠物配合饲料，其通用名称应当标示“处方”字样。示例见表 1-9。

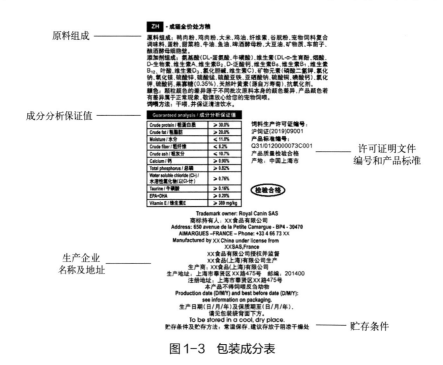

图 1-3 包装成分表

推荐日摄入量（g）： 建议分多餐饲喂

猫体重	成年猫 偏瘦 g	成年猫 正常 g	成年猫 超重 g
2kg	37	31	
3kg	50	42	
4kg	61	51	41
5kg	72	60	48
6kg	82	68	54
7kg &+	91	76	61

持续饲喂时间：对于急性患猫，肠道绒毛再生需要的营养辅助治疗至少需要持续饲喂三周。对于慢性的患猫，终身饲喂是必要的/有益的。为了完善消化功能，应该将推荐日摄入量分成若干小份进行饲喂。

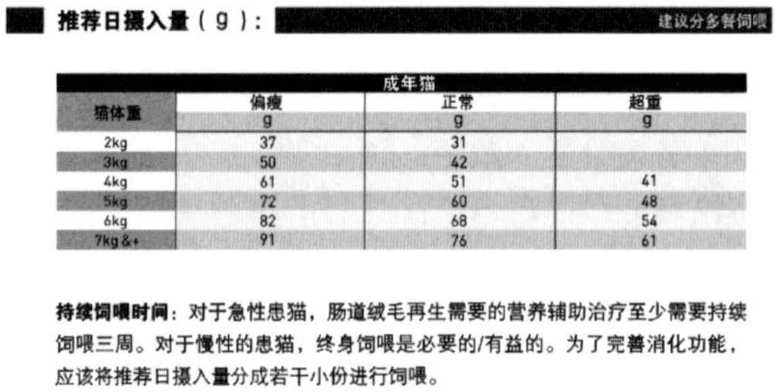

图 1-4 包装饲喂推荐表

表 1-9 宠物配合饲料的通用名称示例

标示类别	示例
标示宠物种类	宠物配合饲料犬粮 宠物全价饲料犬粮 全价犬粮 全价宠物食品犬粮
标示生命阶段	宠物配合饲料幼年期犬粮 宠物全价饲料幼年期犬粮 全价幼年期犬粮 全价幼犬粮 全价宠物食品幼年期犬粮

续表

标示类别	示例
标示种类、品种及生命阶段	宠物配合饲料贵宾幼年期犬粮 宠物全价饲料贵宾幼年期犬粮 全价贵宾幼年期犬粮 全价贵宾幼犬粮 全价宠物食品贵宾幼年期犬粮
标示种类、体型及生命阶段	宠物配合饲料大型犬幼年期犬粮 宠物全价饲料大型犬幼年期犬粮 全价大型犬幼年期犬粮 全价大型犬幼犬粮 全价宠物食品大型犬幼年期犬粮
标示"处方"字样	宠物配合饲料犬处方粮 宠物全价饲料犬处方粮 全价犬处方粮 全价宠物食品犬处方粮

（2）**宠物添加剂预混合饲料通用名称** 应当标示"宠物添加剂预混合饲料""补充性宠物食品"或者"宠物营养补充剂"，并标示适用宠物种类和生命阶段。适用宠物种类可以具体至犬、猫品种或体型，如不标示则默认适用于所有品种和体型；生命阶段包括幼年期、成年期、老年期、妊娠期和哺乳期等，如不标示则默认适用于所有生命阶段。也可标示产品中的氨基酸、维生素、矿物质、酶制剂等营养性饲料添加剂，标示时可使用营养性饲料添加剂的品种名称或者类别名称。示例见表1-10。

表1-10 宠物添加剂预混合饲料的通用名称示例

标示类别	示例
标示营养性添加剂的类别	宠物添加剂预混合饲料微量元素 补充性宠物食品微量元素 宠物营养补充剂微量元素
标示宠物种类、生命阶段、营养性添加剂的类别	宠物添加剂预混合饲料犬幼年期微量元素 补充性宠物食品犬幼年期微量元素 宠物营养补充剂犬幼年期微量元素
标示宠物品种、生命阶段、营养性添加剂的类别	宠物添加剂预混合饲料贵宾犬幼年期微量元素 补充性宠物食品贵宾犬幼年期微量元素 宠物营养补充剂贵宾犬幼年期微量元素
标示宠物体型、生命阶段、营养性添加剂的类别	宠物添加剂预混合饲料大型犬幼年期微量元素 补充性宠物食品大型犬幼年期微量元素 宠物营养补充剂大型犬幼年期微量元素
标示营养性添加剂的品种名称	宠物添加剂预混合饲料维生素C 补充性宠物食品维生素C 宠物营养补充剂维生素C

续表

标示类别	示例
标示宠物种类、生命阶段、营养性添加剂的品种名称	宠物添加剂预混合饲料犬幼年期维生素C 补充性宠物食品犬幼年期维生素C 宠物营养补充剂犬幼年期维生素C
标示宠物品种、生命阶段、营养性添加剂的品种名称	宠物添加剂预混合饲料贵宾犬幼年期维生素C 补充性宠物食品贵宾犬幼年期维生素C 宠物营养补充剂贵宾犬幼年期维生素C
标示宠物体型、生命阶段、营养性添加剂的品种名称	宠物添加剂预混合饲料大型犬幼年期维生素C 补充性宠物食品大型犬幼年期维生素C 宠物营养补充剂大型犬幼年期维生素C

（3）其他宠物饲料的通用名称 应当标示"宠物零食"，并标示适用宠物种类及生命阶段。适用宠物种类可以具体至犬、猫品种或体型，如不标示则默认适用于所有品种和体型；生命阶段包括幼年期、成年期、老年期、妊娠期、哺乳期等，如不标示则默认适用于所有生命阶段。也可以标示产品的具体呈现形式。示例见表1-11。

表1-11　其他宠物饲料通用名称示例

标示类别	示例
标示宠物种类及生命阶段	宠物零食幼犬肉棒
标示宠物种类、生命阶段、产品具体呈现形式	宠物零食幼犬饮料
标示宠物品种、产品具体呈现形式	宠物零食贵宾犬咬胶

3. 产品净含量标示规定

宠物饲料产品应当标示产品包装单位的净含量。净含量与产品名称应当位于标签的同一展示版面。净含量标示由净含量、数字和法定计量单位组成。固态产品应当使用质量进行标示，净含量不足1kg的，以"克"或者"g"作为计量单位；净含量超过1kg（含1kg）的，以"千克"或者"kg"作为计量单位。半固态产品、液态产品除可以使用前款规定的质量进行标示外，也可以使用体积标示，净含量不足1L的，以"毫升"或者"mL"作为计量单位；净含量超过1L（含1L）的，以"升"或者"L"作为计量单位。

4. 产品成分分析保证值标示规定

（1）宠物饲料 产品标签上应当标示产品成分分析保证值。产品成分分析保证值的计量单位见表1-12。

表1-12　宠物饲料产品成分分析保证值常用计量单位

产品成分	计量单位	示例
粗蛋白、粗脂肪、粗纤维、水分、粗灰分、钙、总磷、水溶性氯化物（以Cl^-计）、氨基酸含量	以百分含量（%）表示	粗蛋白25%

续表

产品成分	计量单位	示例
微量元素含量	以每克、每千克、每毫升、每升、每片、每胶囊、每粒中元素的毫克数表示	mg/g、mg/kg、mg/mL、mg/L、mg/片、mg/胶囊
维生素含量	以每克、每千克、每毫升、每升、每片、每胶囊、每粒产品中含药物或者维生素的毫克数,或者以生物效价的国际单位(IU)表示	mg/g、mg/kg、mg/mL、mg/L、mg/片、mg/胶囊、mg/粒,或 IU/g、IU/kg、IU/mL、IU/L、IU/片、IU/胶囊
酶制剂含量	以每克、每毫升、每片、每胶囊、每粒产品中含酶活性单位表示	U/g、U/mL、U/片、U/胶囊、U/粒
微生物含量	以每克、每千克、每毫升、每升、每片、每胶囊、每粒产品中含微生物的菌落数或者个数表示	CFU/g、CFU/kg、CFU/mL、CFU/L、CFU/片、CFU/胶囊、CFU/粒,或者个/g、个/mL、个/片、个/胶囊

（2）**宠物配合饲料**　产品成分分析保证值至少应当包括的项目、要求及具体标示方法见表1-13。

表1-13　宠物配合饲料产品成分分析保证值至少应当包括的项目及标示要求

项目	要求	标示方法
粗蛋白	最小值	≥,或者不小于,或者至少
粗脂肪	最小值;对于进行低脂肪声称的产品,应当同时标示其最大值	≥,或者不小于,或者至少;进行低脂肪声称的产品应当标示为:最小值≤粗脂肪≤最大值,或者粗脂肪不小于且不大于
粗纤维	最大值	≤,或者不大于,或者至多
水分	最大值	≤,或者不大于,或者至多
粗灰分	最大值	≤,或者不大于,或者至多
钙	最小值	≥,或者不小于,或者至少
总磷	最小值	≥,或者不小于,或者至少
水溶性氯化物(以Cl⁻计)	最小值	≥,或者不小于,或者至少
赖氨酸(适用于犬粮)	最小值	≥,或者不小于,或者至少
牛磺酸(适用于猫粮)	最小值	≥,或者不小于,或者至少

为满足宠物特定生理、病理状态下的营养需要生产的宠物配合饲料,其产品成分分析保证值除满足上述要求外,可以进行特殊标示。

（3）**宠物添加剂预混合饲料**　产品成分分析保证值至少应当标示水分和产品中所添加的主要营养性饲料添加剂,标示方法参照表1-13。

（4）**其他宠物饲料**　产品成分分析保证值至少应当标示水分,也可以根据需要标示其他成分的分析保证值,标示方法参照表1-13。

5.原料组成标示规定

宠物饲料产品标签上应当标示原料组成。原料组成包括原料和添加剂两部分,分别以

"原料组成"和"添加剂组成"为引导词。其中"原料组成"应当标示生产该产品所用的饲料原料品种名称或者类别名称，并按照各类或者各种饲料原料成分的加入重量降序排列；"添加剂组成"应当标示生产该产品所用的饲料添加剂名称，抗氧化剂、着色剂、调味和诱食物质类饲料添加剂可以标示类别名称。

饲料原料品种名称应当与《饲料原料目录》一致，类别名称应当与表1-14规定一致。饲料添加剂名称应当与《饲料添加剂品种目录》一致。

在产品中使用以《饲料原料目录》中动物水解物为主要原料复配制成的调味产品，应当在原料组成部分中以"宠物饲料复合调味料"或者"口味增强剂"标示。

原料组成中的某种原料如以品种名称标示，则不应当再以类别名称标示；相反，如以类别名称标示，则不应当再以品种名称标示。

表1-14 宠物饲料原料分类

序号	类别名称	与《饲料原料目录》对应的原料品种
1	谷物及其制品	"谷物及其加工产品"中的所有原料
2	油料籽实及其制品	"油料籽实及其加工产品"中的所有原料
3	豆科籽实及其制品	"豆科作物籽实及其加工产品"中的所有原料
4	果蔬类籽实及其制品	"块茎、块根及其加工产品"中的所有原料、"其它籽实、果实类产品及其加工产品"中的所有原料
5	天然植物及其制品	"其它植物、藻类及其加工产品"中的7.1、7.2、7.3、7.4的原料
6	饲草类及其制品	"饲草、粗饲料及其加工产品"中的所有原料
7	藻类及其制品	"其它植物、藻类及其加工产品"中的7.5的原料
8	乳类及其制品	"乳制品及其副产品"中的所有原料
9	肉类及其制品	"陆生动物产品及其副产品"中9.1、9.3、9.6和9.7的原料
10	昆虫及其制品	"陆生动物产品及其副产品"中9.2和9.5的原料
11	蛋类及其制品	"陆生动物产品及其副产品"中9.4的原料
12	鱼类等水生生物及其制品	"鱼、其它水生生物及其副产品"中的所有原料
13	矿物质	"矿物质"中的所有原料
14	微生物发酵类制品	"微生物发酵产品及副产品"中的所有原料

6. 产品使用注意事项标示规定

宠物饲料产品标签上应当标示产品使用的注意事项。含动物源性（成分乳和乳制品除外）的产品应当标示"本产品不得饲喂反刍动物"字样。通用名称标示"处方"字样的宠物配合饲料，应当在注意事项中参照《宠物饲料标签规定》中的示例（见表1-15），标示出该产品适用的宠物特定生理、病理状态及主要营养特征，并在醒目位置标示"请在执业兽医指导下使用"字样。如其适用的生理、病理状态及主要营养特征未在收录范围以内，该产品的生产企业应当参照《宠物饲料标签规定》，根据产品的实际情况标示注意事项，并能够提供相关证明资料。资料至少应当包括能够验证产品效果的科学试验数据及配方组成。

表1-15 宠物配合饲料适用的特定状态及主要营养特征标示示例

序号	产品功能类别	示例
1	改善慢性肾功能不全状态	本产品适用于慢性肾功能不全的犬、猫使用,产品中的磷和蛋白质经过科学调整
2	帮助溶解鸟粪石	本产品用于促进犬、猫鸟粪石溶解,产品中的镁和蛋白质经过科学调整
3	减少鸟粪石再生	本产品用于减少犬、猫鸟粪石再生,产品中的镁经过科学调整
4	减少尿酸盐结石形成	本产品用于减少犬、猫尿酸盐结石形成,产品中的嘌呤和蛋白质经过科学调整
5	减少草酸盐结石形成	本产品用于减少犬、猫草酸盐结石形成,产品中的钙、维生素D经过科学调整
6	减少胱氨酸结石形成	本产品用于减少犬、猫胱氨酸结石形成,产品中的蛋白质和含硫氨基酸经过科学调整
7	降低急性肠道吸收障碍发生	本产品用于降低犬、猫急性肠道吸收障碍发生,产品中的电解质和易消化原料经过科学调整
8	降低原料和营养素不耐受	本产品用于降低犬、猫原料和营养素的不耐受症,产品中的蛋白质或者碳水化合物经过科学调整
9	改善消化不良	本产品用于改善犬、猫消化不良,产品中原料的可消化性和脂肪经过科学调整
10	改善慢性心脏功能不全	本产品用于改善犬、猫慢性心脏功能不全,产品中的钠经过科学调整
11	调节葡萄糖供给	本产品用于调节糖尿病犬、猫的葡萄糖供给,产品中的碳水化合物经过科学调整
12	改善肝功能不全	本产品用于调节肝功能不全的犬、猫的营养供给,产品中的蛋白质和必需脂肪酸经过科学调整
13	改善高脂血症	本产品用于调节犬、猫的脂肪代谢,产品中的脂肪和必需脂肪酸经过科学调整
14	改善甲状腺功能亢进	本产品用于改善猫的甲状腺功能亢进状态,产品中的碘经过科学调整
15	降低肝脏中的铜含量	本产品用于降低犬肝脏中的铜,产品中的铜经过科学调整
16	改善超重	本产品用于降低犬、猫的多余体重,产品的能量密度经过科学调整
17	营养恢复期	本产品用于犬、猫疾病后的营养恢复,产品的能量密度、必需营养素和易消化原料经过科学调整
18	改善皮肤炎症和过度脱毛	本产品用于改善犬、猫皮肤炎症和过度脱毛现象,产品中的必需脂肪酸经过科学调整
19	改善关节炎症	本产品用于改善犬、猫的关节炎症,产品中的多不饱和脂肪酸、维生素E等经过科学调整

7.生产日期及保质期标示规定

(1) **生产日期的标示** 宠物饲料产品标签应当标示完整的年、月、日生产日期信息,标示方法见表1-16。进口产品中文标签所标示的生产日期,应当与原产地标签上所标示的生产日期一致。如生产日期标示采用"见包装物某部位"的形式,应当标示包装物的具体部位,生产日期的标示不得另外加贴或者篡改。生产日期中年、月、日可用句点、空格、连字符、斜线等符号分隔，或者不用分隔符。年代号一般应当标示 4 位数字，小包装食品也可以标示 2 位数字。月、日应当标示 2 位数字。

表 1-16　生产日期标示示例

序号	示例
1	生产日期:2020 年 3 月 20 日
2	"生产日期:20 日 3 月 2020 年" 或者"生产日期:3 月 20 日 2020 年"
3	"生产日期（年／月／日）:2020 03 20" 或者"生产日期（年／月／日）:2020/03/20" 或者"生产日期（年／月／日）:20200320"
4	"生产日期（月／日／年）:03 20 2020" 或者"生产日期（月／日／年）:03/20/2020" 或者"生产日期（月／日／年）:03202020"
5	"生产日期（日／月／年）:20 03 2020" 或者"生产日期（日／月／年）:20/03/2020" 或者"生产日期（日／月／年）:20032020"

（2）保质期的标示　宠物饲料产品标签应当标示保质期，标示方法见表 1-17。进口宠物饲料产品的中文标签所标示的保质期，应当与原产地标签上所标示的保质期一致。如保质期标示采用"见包装物某部位"的形式，应当标示包装物的具体部位。保质期的标示不得另外加贴或者篡改。

表 1-17　保质期标示示例

序号	示例
1	"保质期:×× 个月"或者"保质期:×× 日"或者"保质期:×× 天"或者"保质期:× 年"
2	"保质期至 ×××× 年 ×× 月 ×× 日"或者"保质期至 ×× 月 ×× 日 ×××× 年"或者"保质期至 ×× 日 ×× 月 ×××× 年"
3	"此日期前最佳……"或者"此日期前食用最佳……"或者"最好在……之前食用"或者"……之前食用最佳" 注:(……) 处填写日期

8. 企业名称等相关信息标示规定

在中国大陆境内生产的宠物配合饲料和宠物添加剂预混合饲料的产品标签，应当标示与许可证明文件一致的企业名称、生产许可证编号、注册地址、生产地址、联系方式；其他宠物饲料产品，应当标示与生产企业营业执照一致的企业名称、注册地址、生产地址、联系方式。如果生产企业的注册地址与生产地址一致，可不重复标示。

进口宠物饲料产品应当以中文标示原产国名或者地区名。进口宠物配合饲料和宠物添加剂预混合饲料产品，应当标示与进口登记证一致的登记证号、生产厂家名称、生产地址，以及该产品在中国大陆境内依法登记注册的销售机构名称、地址和联系方式。其他进口宠物饲料产品,应当标示生产厂家名称、生产地址,以及该产品在中国大陆境内依法登记注册的销售机构名称、地址和联系方式。联系方式应当标示以下至少一项内容:电话、传真、网络联系方式、通信地址等。

9. 其他相关标示规定

(1) 对于内包装不独立销售的宠物饲料产品,外包装应当标示《宠物饲料标签规定》的所有内容,内包装至少标示产品名称、保质期和净含量。对于内包装独立销售的产品,内、外包装均应当标示《宠物饲料标签规定》的所有内容。如内包装已标示规定的所有内容,而且标示内容能透过外包装物清晰、完整地呈现,可不在外包装物上进行重复标示。仅用于宠物饲料产品运输的外包装除外。

对于复合包装产品,外包装应当标示复合包装的净含量和所含独立包装的净含量及件数,或者直接标示所含独立包装的净含量和件数,标示形式见表1-18。外包装上标示的保质期应当按照最早到期的独立包装产品的保质期计算,生产日期应当标示最早生产的独立包装产品的生产日期,也可以在外包装上分别标示各独立包装产品的生产日期和保质期。

表1-18 复合包装净含量标示方式示例

包装方式	标示方式示例
复合包装中独立包装为同类产品	"净含量:60克×5"或者"净含量:60g×5"
	"净含量:5×60克"或者"净含量:5×60g"
	"净含量:300克(5×60克)"或者"净含量:300g(5×60g)"
	"净含量:300克(60克×5)"或者"净含量:300g(60g×5)"
	"净含量:300克(5件或者5袋或者5包或者5罐或者5听)"或者"净含量:300g(5件或者5袋或者5包或者5罐或者5听)"
	"净含量:300克(100克+50克×4)"或者"净含量:300g(100g+50g×4)"
	"净含量:300克(80克×3+60克)"或者"300g(80g×3+60g)"
复合包装中独立包装为不同类产品	"净含量:300克(A产品50克×3,B产品50克×3)或300g(A产品50g×3,B产品50g×3)"
	"净含量:200克(40克×3,40克×2)"或者"净含量:200g(40g×3,40g×2)"
	"净含量:100克A产品,50克×2 B产品,50克C产品"或者"净含量:100g A产品,50g×2 B产品,50g C产品"
	"净含量:A产品:100克,B产品:50克×2,C产品:50克"或者"净含量:A产品:100g,B产品:50g×2,C产品:50g"
	"净含量:100克(A产品),50克×2(B产品),50克(C产品)"或者"净含量:100g(A产品),50g×2(B产品),50g(C产品)"
	"净含量:A产品100克,B产品50克×2,C产品50克"或者"净含量:A产品100g,B产品50g×2,C产品50g"

(2) 宠物饲料免费产品,除标示《宠物饲料标签规定》的所有内容外,还应当标示"免费样品""赠品""非卖品"或者"试用装"等字样。

(3) 委托加工的宠物配合饲料、宠物添加剂预混合饲料产品,除标示《宠物饲料标签规定》的所有内容外，还应当标示委托企业的名称、注册地址和生产许可证编号。

（4）宠物饲料产品中含有转基因成分的，其标示应当符合相关法律法规的要求。

（5）宠物饲料产品标签中可以进行成分、功能和特性声称，声称时应当遵守以下规定：

① 禁止对宠物饲料作具有预防或者治疗宠物疾病的说明或者宣传。

② 所有声称应当具备证明材料。证明材料包括公开发表的出版物、配方组成、教科书、检测数据或者试验报告等。

③ 对成分进行声称时，声称的内容应当置于产品名称相邻位置，并与产品名称使用相同的字体和颜色，字号不大于产品名称，不得以任何形式突出或者强调其中部分内容。

a. 宠物饲料如声称使用某种饲料原料，应当在饲料原料组成中标示其名称，并在名称后标示其添加量，如"肉类及制品（鸡肝3.5%）"；如该饲料原料使用所属类别名称标示，应当在类别名称之后以括号的方式标示该饲料原料的品种名称及其在产品中的添加量，如"果蔬类籽实及其制品（蔓越莓1.3%）"。

b. 经脱水处理的饲料原料，可以依据水分还原后其在产品中的含量进行声称。可以进行水分还原的饲料原料种类及其计算方法见下表。如进行水分还原则表1-19中涉及的三类饲料原料应当同时还原，计算方法应当按表1-20执行。

表1-19　可进行水分还原的原料种类及还原后水分还原标准

序号	原料种类	还原标准
1	新鲜水果和蔬菜（不包括由果蔬皮渣制成的副产品）的脱水物	90.0%
2	肉类、鱼类（仅包括可食用动物组织）的脱水物	75.0%
3	谷物	15.0%

表1-20　含水原料水分还原示例

固态/半固态宠物饲料					
原料	配方组成/kg	原料的水分含量/%	配方中的干物质含量/kg	水分还原标准/%	还原后的配方组成/kg	还原后的配方组成比例/%
玉米	66.0	10.0	59.4	15.0	69.9	37.2
鸡肉粉	24.2	10.0	21.8	75.0	87.2	46.4
牛肉粉	1.8	11.1	1.6	75.0	6.4	3.4
胡萝卜粉	2.0	8.0	1.84	90.0	18.4	9.8
添加剂预混合饲料	4.0		4.0		4.0	2.1
油脂	2.0		2.0		2.0	1.1
总计	100.0				187.9	100
注：上述示例中，原配方中24.2kg的鸡肉粉经水分还原后相当于87.2kg的鸡肉，占还原后配方组成比例46.4%，可以进行"鸡肉配方"的声称；原配方中2.0kg的胡萝卜粉经水分还原后相当于18.4kg的胡萝卜，占还原后配方组成比例9.8%，可以进行"含胡萝卜"的声称；原配方中1.8kg的牛肉粉经水分还原后相当于6.4kg的牛肉，占还原后配方组成比例3.4%，可以进行"牛肉味"的声称						

续表

液态宠物饲料						
水	42.0				35.4	35.4
牛肉	35.0				35.0	35.0
鸡肉	18.2				18.2	18.2
鱼肉	2.0				2.0	2.0
添加剂预混合饲料	2.0				2.0	2.0
胡萝卜粉	0.8	8.0	0.74	10.0	7.4	7.4
总计	100.0				100	100

注：上述示例中，配方中0.8kg的胡萝卜粉经水分还原后重量增加至7.4kg，增加的6.6kg重量可视为来源于配方中的水分，所以计算还原后的配方组成比例时配方总重量保持100kg不变。配方中0.8kg的胡萝卜粉经水分还原后相当于7.4kg的胡萝卜，占还原后配方组成比例7.4%，可以进行"含胡萝卜"的声称

c. 声称"××配方"时，产品中的"××"饲料原料应当达到产品总重的26%以上；如对两种或者两种以上饲料原料进行组合声称，其中至少一种饲料原料应当达到产品总重的26%以上，其余每种饲料原料均应当达到产品总重的3%以上，声称应当按原料的重量百分比降序排列。声称"含××配方"时，产品中的"××"饲料原料应当达到产品总重的14%以上；如对两种或者两种以上饲料原料进行组合声称，其中至少一种饲料原料应当达到产品总重的14%以上，其余每种饲料原料均应当达到产品总重的3%以上，声称应按原料的重量百分比降序排列。声称"含××"时，产品中的"××"饲料原料应当达到产品总重的4%以上；如对两种或者两种以上饲料原料进行组合声称，其中至少一种饲料原料应当达到产品总重的4%以上，其余每种原料均应当达到产品总重的3%以上，声称应当按饲料原料的重量百分比降序排列。声称标示示例见表1-21。

d. 宠物饲料产品使用的饲料原料、宠物饲料复合调味料或者口味增强剂能够赋予产品某种风味，可以对产品的风味进行声称，声称应当使用"××味"字样。声称标示示例见表1-21。

e. 宠物饲料产品中的某种饲料原料的添加量足以赋予产品某些特有属性，即使该原料未达到产品总重的4%，也可以对其进行声称，声称应当使用"添加××"字样。声称标示示例见表1-21。

f. 宠物饲料产品如声称使用某种维生素、矿物质等营养素或者使用的某种饲料添加剂可以赋予产品某些特有属性，声称应当使用"含××"字样。声称涉及的维生素、矿物质等营养素应当在产品成分分析保证值中列示。声称涉及的饲料添加剂应当在饲料添加剂组成中列示并标示其添加量。声称标示示例见表1-21。

g. 宠物饲料产品可以声称不含有某种饲料原料或者饲料添加剂，声称应当使用"无××"或者"不含××"。除饲料原料和饲料添加剂外，不得对其他任何物质进行不含有声称。对于麸质成分，如其含量不高于20mg/kg时，可以进行"无麸质"或者"不含麸质"的声称。

h. 如对宠物饲料产品中的某种成分含量进行"高""增高"或者"低""降低"或者类似的比较性声称，应当以本企业的产品作为参照物且明确列示，增高或者降低的比例应当达到

15% 以上；对于常量营养素，增高或者降低的百分比应当能够通过配方进行验证。声称标示示例见表 1-21。

表 1-21　宠物饲料产品成分声称标示示例

序号	成分声称	标示示例
1	宠物饲料产品中某种饲料原料达到产品总重 26% 以上	"牛肉配方" "鸡肉大米配方" "牛肉鸡肉配方"
2	宠物饲料产品中某种饲料原料达到产品总重 14% 以上	"含牛肉配方" "含糙米配方" "含牛肉鸡肉配方" "含牛肉大米配方"
3	宠物饲料产品中某种饲料原料达到产品总重 4% 以上	"含牛肉" "含糙米" "含牛肉鸡肉" "含鸡肉大米"
4	宠物饲料产品中使用的饲料原料、宠物饲料复合调味料或者口味增强剂能够赋予产品某种风味	"牛肉味" "鸡肉味" "烟熏味"
5	宠物饲料产品中某种饲料原料的添加量足以赋予产品某些特有属性	"添加燕麦" "添加牛初乳"
6	宠物饲料产品如声称使用某种维生素、矿物质等营养素或者使用的某种饲料添加剂可以赋予产品某些特有属性	"含 DHA" "含共轭亚油酸"
7	宠物饲料产品进行比较性声称时	高蛋白全价犬粮（与 XX 全价犬粮相比）

④ 对特性进行声称时，应当符合下列要求：

a. 如宠物饲料产品使用的所有饲料原料和饲料添加剂，均来自未经加工、非化学工艺加工或者只经过物理加工、热加工、提取、纯化、水解、酶解、发酵或者烟熏等处理工艺的植物、动物或者矿物质，可对产品进行特性声称，声称应当使用"天然的""天然粮"或者类似字样。如宠物饲料产品中添加的维生素、氨基酸、矿物质是化学合成的，也可以对产品进行"天然的""天然粮"的声称，但应当同时对所使用的维生素、氨基酸、矿物质进行标示，声称应当使用"天然粮，添加××"字样；如添加了两种（类）或者两种（类）以上的化学合成的维生素、氨基酸、矿物质，声称中可以使用饲料添加剂的类别名称。所有声称文字应置于同一展示版面，使用相同的字体、字号和颜色，中间不得插入其他任何内容，不得以任何形式突出或者强调其中某一部分。示例见表 1-22。

b. 如宠物饲料产品使用的某种饲料原料和饲料添加剂来自未经加工、非化学工艺加工或者只经过物理加工、热加工、提取、纯化、水解、酶解、发酵或者烟熏等处理工艺的植物、动物或者矿物质，可以对该饲料原料或者饲料添加剂进行特殊声称。声称应当使用"天然"字样。示例见表 1-22。

c. 如宠物饲料产品使用的某种饲料原料除冷藏外，未经蒸煮、干燥、冷冻、水解等类似任何处理过程，而且不含有氯化钠、防腐剂或者其他饲料添加剂，可以对该饲料原料进行声称，声称应当使用"新鲜的""鲜"或者类似字样。示例见表 1-22。

表 1-22 宠物饲料产品特性声称标示示例

序号	成分声称	标示示例
1	声称应当使用"天然""天然的""天然粮"或者类似字样的宠物饲料产品	"天然粮，添加维生素" "天然粮，添加维生素和氨基酸" "天然色素" "天然防腐剂"
2	声称应当使用"新鲜的""鲜"或者类似字样的宠物饲料产品	"新鲜鸡肉" "鲜牛肉"

d. 如犬用宠物饲料产品的水分含量低于 20% 且脂肪含量不高于 9%，水分含量在 20%～65% 之间且脂肪含量不高于 7%，水分含量大于 65% 且脂肪含量不高于 4% 时，可以对犬用宠物饲料进行"低脂肪"的声称。如猫用宠物饲料产品水分含量低于 20% 且脂肪含量不高于 10%，水分含量在 20%～65% 之间且脂肪含量不高于 8%，水分含量大于 65% 且脂肪含量不高于 5% 时，可以对猫用宠物饲料进行"低脂肪"的声称。

e. 如犬用宠物饲料产品的水分含量低于 20% 且能量值不高于 1296kJ ME/100g，水分含量在 20%～65% 之间且能量值不高于 1045kJ ME/100g，水分含量不低于 65% 且能量值不高于 376kJ ME/100g 时，可以对该产品进行"低能量"声称并对其能量值进行标示。如猫用宠物饲料产品水分含量低于 20% 且能量值不高于 1359kJ ME/100g，水分含量在 20%～65% 之间且能量值不高于 1108kJ ME/100g，水分含量不低于 65% 且能量值不高于 397kJ ME/100g，可以对该产品进行"低能量"声称并对其能量值进行标示。标示时应当以"能量"或者"能量值"为引导词，并与该声称置于同一展示版面。能量值应当以代谢能（ME）值表示，并以 kJ/100g 为单位，代谢能可以采用计算值，计算方法见表 1-23，但应当在代谢能值后以括号的方式标注"计算值"字样。

表 1-23 宠物饲料产品能量值的计算方法

犬用宠物饲料产品能量值计算方法（每 100g 产品中）	
总能（GE）计算	总能（kcal）=5.7× 粗蛋白克数 +9.4× 粗脂肪克数 +4.1×（无氮浸出物克数 + 粗纤维克数）
能量消化率（%）计算	能量消化率（%）= 91.2-1.43× 干物质中粗纤维所占百分比数
消化能（DE）计算	消化能（kcal）= GE× 能量消化率（%）
代谢能（ME）计算	代谢能（kcal）= DE-1.04× 粗蛋白克数
单位换算	1kcal=4.186kJ
猫用宠物饲料产品能量值计算方法（每 100g 产品中）	
总能（GE）计算	总能（kcal）=5.7× 粗蛋白克数 +9.4× 粗脂肪克数 +4.1×（无氮浸出物克数 + 粗纤维克数）
能量消化率（%）计算	能量消化率（%）= 87.9-0.88× 干物质中粗纤维所占百分比数
消化能（DE）计算	消化能（kcal）=GE× 能量消化率（%）
代谢能（ME）计算	代谢能（kcal）=DE-0.77× 粗蛋白克数
单位换算	1kcal=4.186kJ

f. 宠物饲料产品可以使用"新产品""配方升级""产品升级"或者类似声称，但声称应当有充分证据，而且该声称在产品标签上标示的时间不得超过 18 个月。

g. 如对宠物饲料产品进行符合国际或者国外标准的声称，产品应当符合对应标准的所有要求且在监管部门要求时应当能提供检测报告或者产品配方等证明材料。

⑤ 如宠物饲料产品使用的某种饲料原料、饲料添加剂或者饲料原料中含有的某种营养素具有维持、增强宠物生长、发育、生理功能或者机体健康的作用，可以进行功能声称。声称应当符合以下要求：

a. 声称涉及的饲料添加剂应当在饲料添加剂组成或者产品成分分析保证值中按规定要求标示，声称涉及的饲料原料应当在原料组成中标示其名称，并在名称后标示其添加量，示例见表 1-24。

b. 如宠物饲料产品对毛球产生、牙垢积聚等非疾病性问题具有预防性作用，可以进行功能声称，声称可以使用"预防"字样并标示该产品可以预防的非疾病问题，示例见表 1-24。

表 1-24　宠物饲料功能声称标示示例

序号	成分声称	标示示例
1	宠物饲料产品中如使用的某种饲料原料、饲料添加剂或者其中含有的某种营养素具有维持、增强宠物生长、发育、生理功能或者机体健康的作用	"含钙促进骨骼发育" "含菊苣根粉促进肠道有益菌增殖"
2	宠物饲料产品如对非疾病性问题具有预防性作用	"预防毛球产生" "预防牙垢聚集"

（6）宠物饲料标签应当结实耐用。附签形式的标签不得与包装物分离或者被遮掩，标签内容应当在不打开包装的情况下完整呈现。标签内容应当清晰、醒目、持久，方便消费者辨认和识读。文字应当使用规范的汉字（商标、进口宠物饲料的生产者和地址、国外经营者的名称和地址、网址除外），可以同时使用有对应关系的汉语拼音、少数民族文字或者其他文字，但不得大于相应的汉字（商标除外）。对于印有多语言的包装物，凡使用规范汉字提供的信息均应当符合规定的要求。

（7）标签的展示面积大于 35cm² 时，标示内容的文字、符号、数字的高度不得小于 1.8mm。不同包装物或者包装容器上标签最大表面面积计算方法见表 1-25。

表 1-25　不同包装物或者包装容器上标签最大表面面积计算方法

序号	包装种类	标示示例计算方法
1	长方体形包装物或者包装容器	长方体形包装物或者包装容器的最大一个侧面的高度（cm）乘以宽度（cm）
2	圆柱形包装物或者包装容器，近似圆柱形的包装物或者包装容器	包装物或者包装容器的高度（cm）乘以圆周长（cm）的 40%
3	其他形状的包装物或者包装容器	包装物或者包装容器的总表面积的 40%
4	如果包装物或者包装容器有明显的主要展示版面，应以主要展示版面的面积为最大表面面积	
5	包装袋等计算表面面积时应除去封边所占尺寸。 瓶形或者罐形包装计算表面面积时不包括肩部、颈部、顶部和底部的凸缘	

（8）国务院农业行政主管部门和县级以上地方人民政府饲料管理部门，应当根据需要定期或者不定期组织实施宠物饲料产品标签监督抽查。

（9）宠物饲料产品标签不符合规定的，依据《饲料和饲料添加剂管理条例》第四十一条进行处罚。

（10）宠物饲料生产企业、经营者生产、经营的宠物饲料与标签标示的内容不一致的，依据《饲料和饲料添加剂管理条例》第四十六条进行处罚。

注：以上规定均引自《宠物饲料标签规定》。

国内宠物食品相关法规及标准

任务1-3 宠物食品原料鉴定

 知识目标

1. 列举宠物食品原料的分类。
2. 列举每一大类原料的代表性原料。

 能力目标

1. 能够识别已知原料,并能够将已知原料正确地划分类别。
2. 能够使用体视显微镜对原料的种类、品种进行鉴定。

 素质目标

通过宠物食品原料的鉴定,提升细微辨识的能力。

 任务准备

① 准备至少10种未知原料,按照要求摆放整齐。
② 体视显微镜、探针、镊子等。
③《饲料原料显微镜检查图谱》(GB/T 34269—2017)。
④ 按照国际饲料分类依据原则,将原料的分类绘制成思维导图。

 任务实施

① 原料的识别,识别每一种原料,并将其正确分类(按照国际饲料分类依据原则)。
② 样品制备,将原料样品充分混匀,用四分法取到观察所需要的量(10~15g)。
③ 一般观察,对原料样品的色泽、硬度、味道进行观察。
④ 体视显微镜观察,参照《饲料原料显微镜检查图谱》(GB/T 34269—2017);取原料样品,在7~20倍下观察,用探针触探,用镊子翻拨,检查样品的硬度、质地、结构等。

 任务结果

将原料样品中所观察的现象记录在任务1-3实施单,并进行分析总结。

 任务评价

任务评价见任务1-3考核单。

任务资讯

宠物食品原料的分类

按照国际饲料分类依据原则,将饲料分为八大类,分别为粗饲料、青绿饲料、青贮饲料、能量饲料、蛋白质饲料、矿物质饲料、维生素饲料、添加剂饲料。其分类依据原则见表1-26。

表1-26 国际饲料分类依据原则

饲料类别	饲料编码	划分饲料类别依据 /%		
		水分（自然含水量）	粗纤维（干物质基础）	粗蛋白（干物质基础）
粗饲料	1-00-000	< 45	≥ 18	—
青绿饲料	2-00-000	≥ 60	—	—
青贮饲料	3-00-000	≥ 45	—	—
能量饲料	4-00-000	< 45	< 18	< 20
蛋白质饲料	5-00-000	< 45	< 18	≥ 20
矿物质饲料	6-00-000	—	—	—
维生素饲料	7-00-000	—	—	—
添加剂饲料	8-00-000	—	—	—

（1）蛋白质饲料 蛋白质饲料是指饲料干物质中粗纤维含量在18%以下,粗蛋白含量在20%以上的饲料。蛋白质饲料分为植物性蛋白质饲料和动物性蛋白质饲料,各类代表性饲料见表1-27。

饲料原料的分类

表1-27 蛋白质饲料

蛋白质饲料	植物性蛋白质饲料	大豆、豆饼、豆粕	大豆
			大豆饼、大豆粕
		棉籽饼（粕）	棉籽饼
			棉籽粕
		菜籽饼（粕）	菜籽饼
			菜籽粕
		花生饼（粕）	花生饼
			花生粕
		芝麻饼	芝麻饼
	动物性蛋白质饲料	水产品加工及其副产品饲料	鱼类
			鱼粉
			鱼溶粉、虾（蟹）粉

续表

蛋白质饲料	动物性蛋白质饲料	畜禽加工副产品饲料	肉类
			肉骨粉与肉粉
			血粉
		其他动物性蛋白质饲料	蛋及蛋制品
			乳品
			昆虫粉

（2）**能量饲料**　能量饲料是指干物质中粗纤维含量在18%以下，粗蛋白含量在20%以下的饲料。能量饲料分为谷物籽实类饲料，糠麸类饲料，块根、块茎及瓜果类，其他加工副产品四类，各类代表性饲料见表1-28。

表1-28　能量饲料

能量饲料	谷物籽实类饲料	玉米
		大麦
		小麦
		稻谷、糙米、碎米
	糠麸类饲料	小麦和次粉
		米糠和脱脂米糠
	块根、块茎及瓜果类	甘薯、马铃薯、木薯、萝卜、胡萝卜、饲用甜菜、芜菁甘蓝、菊芋、南瓜
	其他加工副产品	动物性油脂
		植物性油脂
		海产动物油脂

（3）**矿物质饲料**　在日粮中为了平衡矿物质营养，必须补充各种矿物质饲料，以满足宠物对矿物质的需要。矿物质饲料分为含钙饲料、含钙磷饲料、含钠氯饲料三类，各类代表性饲料见表1-29。

表1-29　矿物质饲料

矿物质饲料	含钙饲料	石粉（石灰粉、大理石粉）
		碳酸钙
		贝壳粉
		蛋壳粉
		硫酸钙
	含钙、磷饲料	骨粉
		磷酸盐
	提供钠、氯的矿物质饲料	氯化钠
		碳酸钠

（4）**维生素饲料** 维生素是人及动物维持正常代谢所需的，不能在体内合成或仅能微量合成，而需要量又极少的一类低分子有机营养物。维生素既不是构成机体组织的原料，也不提供能量，而是起着调控新陈代谢的作用。常用的维生素分为脂溶性维生素和水溶性维生素两大类，脂溶性维生素不能溶于水，但能溶于乙醚、氯仿等有机溶剂，主要包括维生素 A、维生素 D、维生素 E、维生素 K。水溶性维生素主要包括 B 族维生素、维生素 C、肌醇和胆碱，各类代表性饲料见表 1-30。维生素饲料通常作为营养性添加剂饲料添加进配合饲料中，平衡营养成分。

认识维生素

表 1-30　维生素饲料

维生素饲料	脂溶性维生素	维生素 A （抗干眼症维生素、视黄醇，是脂溶性的黄色结晶，在空气中极易氧化失活，只存在于动物性饲料中，如鱼粉、血粉、肝等）	维生素 A 是视觉细胞内感光物质的成分，可维持宠物在弱光下的视力；可调节皮肤新陈代谢和皮脂的产生，维持上皮组织的健康；可促进幼龄动物生长；参与性激素的形成；维持骨骼的正常发育
		维生素 D [抗佝偻症维生素，存在形式为维生素 D_2（麦角钙化醇）和维生素 D_3（胆钙化醇），维生素 D_2 由植物和酵母中的麦角固醇（维生素 D_2 原）经紫外线照射转变而来。维生素 D_3 由动物的皮肤、血、羽毛和脂肪中的 7-脱氢胆固醇（维生素 D_3 原）经日光或紫外线照射转化而来]	维生素 D 可促进肠壁对钙磷的吸收，同时还可调节肾对钙磷的排泄，控制骨骼中钙磷的储存，改善骨骼的活动状态，进而影响动物骨骼与牙齿的正常发育
		维生素 E （抗不育维生素、生育酚，青绿饲料、谷物饲料含量丰富）	维生素 E 具有抗氧化作用，保护体内类胡萝卜素和维生素 A 不被氧化，可与 Se 协同终止体脂肪的过氧化降解作用，减少过氧化物的生成；参与细胞 DNA 的合成；调节前列腺素的合成，维持生殖系统的正常功能；保证肌肉的正常生长发育；维持毛细血管结构的完整和中枢神经系统的功能健全；参与体内物质代谢
		维生素 K （抗出血症维生素）	维生素 K 主要参与凝血过程；与钙结合蛋白的形成有关，并参与蛋白质和多肽的代谢；是多种酶的辅助因子，对于酶的活性必不可少；参与骨骼的钙沉积；有利尿、强化肝解毒功能及降低血压等作用
	水溶性维生素	维生素 B_1 （硫胺素）	维生素 B_1 参与多数复杂的生物化学反应，在生成细胞活动所需的能量方面必不可少；参与神经递质乙酰胆碱的合成，具有辅助传递知觉刺激的作用，是保持神经系统功能正常必不可少的营养素

续表

维生素饲料	水溶性维生素	维生素 B_2（核黄素）	维生素 B_2 是特定酶发挥作用时不可或缺的辅助因子之一。具有维持皮肤健康和提高被毛质量的效果；参与多种生化反应，如从脂肪中产生能量及氨基酸的异化、细胞内能量工厂的活动等
		维生素 B_3（烟酸）	维生素 B_3 在三大有机营养物质代谢中必不可少。与其他 B 族维生素（泛酸、胆碱、肌醇）及组氨酸共同促进神经酰胺的合成，避免皮肤干燥；能够预防糙皮病（导致皮肤、消化器官、精神和血液障碍的严重疾病）
		维生素 B_5（泛酸、维生素 PP）	维生素 B_5 密切参与糖和脂肪的代谢。几乎参与所有以碳水化合物、脂质、蛋白质等细胞能量生成为目的的营养素的代谢过程，是构成辅酶 A 的成分之一；与其他维生素（烟酸、胆碱、肌醇）及组氨酸共同促进神经酰胺的合成，避免皮肤干燥
		维生素 B_6（吡哆醇）	维生素 B_6 充当多种酶的辅助因子，在氨基酸代谢等各种代谢过程中发挥多种作用
		维生素 B_7（生物素、维生素 H）	维生素 B_7 直接参与维持神经系统的正常功能；在葡萄糖、脂肪酸和部分氨基酸的代谢中发挥着重要作用；具有减少皮肤干燥、鳞屑形成和脱毛的功能
		维生素 B_9（叶酸）	维生素 B_9 参与神经组织的发育，在犬体内通过肠道细菌产生少量叶酸，但是否能满足 1 天需求目前尚不明确，因此需要从饮食中进行补充，猫必须从饮食中摄取。参与合成 DNA，尤其在胎儿期等细胞繁殖旺盛的时期不可缺少；有预防贫血的效果
		维生素 B_{12}（钴胺素）	维生素 B_{12} 是维生素中唯一在分子中含有矿物质钴的成分。在多种重要生化反应中充当辅酶；在蛋白质合成及血球形成中起主要作用

续表

维生素饲料	水溶性维生素	胆碱、肌醇	二者都是防止脂肪酸在肝脏内过量蓄积、确保肝脏功能正常的不可或缺的营养素；共同构成细胞膜；与其他维生素(烟酸、泛酸)及组氨酸共同促进神经酰胺的合成，避免皮肤干燥
		维生素C (抗坏血酸)	维生素C作为抗氧化成分，用于预防和治疗年龄增长及运动引起的氧化应激、关节磨损(关节炎)等有关疾病，能降低剧烈运动造成的氧化损伤和肌肉损伤；作为抗氧化成分，可再生强力抗氧化物质维生素E；参与铁的代谢；有报告称，可增加幼犬和幼猫接种疫苗后抗体的产生量

（5）**添加剂饲料** 添加剂饲料是指各种用于强化饲养效果和有利于配合饲料生产、贮存的非营养性添加剂原料及其配制产品，分为生产促进剂、饲料保藏剂、驱虫保健剂、其他添加剂四大类。各类代表性饲料见表1-31。生产实践中，往往把氨基酸、微量元素、维生素等作为营养性添加剂。

（6）**青绿原料** 青绿饲料是指天然水分含量高于60%，富含叶绿素，处于青绿状态的饲料。犬可以从某些青绿饲料的根茎中以β-胡萝卜素的形式获得一定量的维生素A前体。猫食青草，可促进毛球的排出。

（7）**青贮饲料** 以新鲜的天然植物性饲料为原料，在厌氧条件下，经过微生物发酵后调制成的饲料，如玉米青贮、青草青贮等，还包括水分含量在45%～55%的半干青贮。多用于反刍动物的饲喂。

（8）**粗饲料** 饲料干物质中粗纤维大于或等于18%，以风干物质为饲喂形式的饲料。如干草类、秸秆类、农副产品类以及干物质中粗纤维含量为18%以上的糟渣类、树叶类等。多用于反刍动物的饲喂。

表1-31 添加剂饲料

添加剂饲料	营养性添加剂	矿物质添加剂	/
		维生素添加剂	/
		氨基酸添加剂	/
	非营养性添加剂	生长促进剂	抗生素
			酶制剂
			砷制剂
			生长激素
		饲料保藏剂	防霉剂：丙酸、丙酸钠、柠檬酸、柠檬酸钠等
			抗氧化剂：乙氧基喹啉、二丁基羟基甲苯、维生素C、维生素E等
		驱虫保健剂	抗寄生虫药
			抗菌药
		其他添加剂	增色剂
			调味剂
			乳化剂
			抗结块剂
			黏结剂

任务1-4

宠物食品的储存

知识目标

1. 熟记常见宠物食品储存条件。
2. 归纳总结影响食物变质的因素。

能力目标

1. 能够按产品储存要求正确地储存不同种类的宠物食品。
2. 能向客户讲解如何正确储存宠物食品。

素质目标

1. 学生在按要求正确储存宠物食品过程中，培养学生规范操作的意识。
2. 通过模拟推荐环节，提升沟通交流的能力。

任务准备

准备10款不同的宠物食品，可用产品包装袋或产品照片代替（要求包装信息完整）。

任务实施

① 识别宠物食品的储存条件，并将储存要点进行归纳总结。
② 为现有已知宠物食品寻找符合储存条件的场所和位置（现场如无合适环境，可以将所需环境写在标签纸上进行描述）。
③ 按照宠物食品储存条件，将宠物食品进行正确的储存。
④ 情景模拟推荐，请向您的客户，讲解如何正确储存宠物食品：
a. 小组成员进行角色分工；
b. 讲解干粮、湿粮以及零食正确的储存方法。

任务结果

每组至少完成3个种类、5个产品的讲解，并将实施过程以及总结分析记录在任务1-4实施单。

任务评价

任务评价见任务1-4考核单。

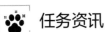 **任务资讯**

1. 常见储存条件

（1）**冷冻**　指 −20℃ 左右的环境，常见于冰箱的冷冻层或冰柜中。因为微生物在 −20℃ 生长缓慢。但是如果冷冻时间过长，食物的质量将会下降。

（2）**冷藏**　指 4℃ 左右的环境，常见于冰箱的冷藏层。冷藏的条件下可以抑制微生物的生长，但是并不能阻止其生长。因此，冷藏食物的时间不宜过长。

（3）**常温**　指 20～25℃ 的环境。

（4）**密闭**　与外界环境隔离的一种状态。一般宠物食品在使用前都由包装保持密闭状态。

（5）**干燥**　干燥环境通常是自然环境的一种，与干燥环境相对应的是潮湿环境。两者的区别在于所处环境中空气的水分含量多少。干燥环境一般是空气中含水量低于正常环境的平均含水量。水分越少，环境的干燥程度越高。

2. 影响食品质量的因素

在食品贮藏过程中，影响食品质量变化的因素是难以避免的，食品在加工好后，可以通过提供良好的环境来延缓食品质量变差的过程。

（1）**内部因素**　包括鲜活食品的生理变化和生物学变化，如新鲜果蔬的呼吸作用和蒸腾作用。

① 化学作用：如脂肪的水解、氧化反应等。

② 物理作用：水分迁移。

（2）**外部因素**　由食物外部因素引起的变化，如微生物、寄生虫等。

3. 常见宠物食品的储存条件

市场常见宠物食品的储存条件见表 1-32。

表 1-32　常见宠物食品的储存条件（以市场常见品牌为例）

种类	保质期	商品名	储存条件	开盖后的储存
干粮	18 个月	全价成猫粮	避免阳光直射,常温保存	开封后及时封好袋子,并尽快用完
	18 个月	全犬种多拼粮	避免阳光直射,阴凉处保存	
	18 个月	冻干双拼粮	放于阴凉通风干燥处,避免高温或阳光直射	开封后及时封好袋子,并尽快用完
	18 个月	全价幼犬小型犬粮	放置于清凉、干爽、清洁的地方,避免阳光直接照射	开袋后请封口保存
	18 个月	全价幼猫粮	请置于干燥、通风的地方,避免暴晒和受潮	开袋后请及时封口
	18 个月	无谷配方全猫粮	保存于干燥、阴凉的地方,防止暴晒,避免直接放置于地面而受潮	
	12 个月	敏捷成犬通用粮	阴凉干燥常温封闭处	
	18 个月	成犬全价犬粮	请放置阴凉干燥处,避免阳光直射	

续表

种类	保质期	商品名	储存条件	开盖后的储存
湿粮	2年	猫罐头	室温贮存	开启后冷藏,24小时用完
	3年	猫罐头	避免阳光直射,放置于阴凉干燥处	冷藏未使用的部分
	2年	猫罐头	请置放于清凉干燥处,避免阳光直接照射	
	2年	妙鲜包	放置于清凉、干爽、清洁的地方,避免阳光直接照射	开袋后请封口保存
	24个月	鲜砖	请贮藏于适宜的室温下,置于通风处	冷藏并在当天食用完毕
	18个月	鲜肉湿粮	置于阴凉干燥处,避免阳光直射	
零食	18个月	犬用洁齿骨	避免日光直射,常温保存	
	18个月	纽萃骨	常温避光保存	开封后尽快食用
	18个月	钙奶棒	放置于清凉、干爽、清洁的地方,避免阳光直接照射	开袋后请封口保存
	18个月	倍亮宝	放置于清凉、干爽、清洁的地方,避免阳光直接照射	开袋后请封口保存
	18个月	饼干	放置于清凉、干爽、清洁的地方,避免阳光直接照射	开袋后请封口保存
	24个月	鲜肉冻干	避免阳光直射,阴凉干燥处保存	
	18个月	钙力健	放置于清凉、干爽、清洁的地方,避免阳光直接照射	开袋后请封口保存
	18个月	火腿切片	避免日光直射,常温保存	
	18个月	洁齿棒	放置于清凉、干爽、清洁的地方,避免阳光直接照射	开袋后请封口保存
	24个月	牛肉粒	避免阳光直射,常温保存	
	18个月	肉脯	放置于清凉、干爽、清洁的地方,避免阳光直接照射	开袋后请封口保存
	18个月	营养膏	常温保存,置于阴凉干燥处,避免日光直射	开封后于1个月内食用完毕

项目二

宠物食品推荐

任务 2-1

宠物食品分类与识别

🏠 知识目标

1. 列举宠物食品的种类。
2. 列举 10 个市场常见宠物食品的品牌。

🏠 能力目标

1. 能制定宠物食品市场调查问卷。
2. 能够识别宠物食品并进行正确的分类。

🏠 素质目标

1. 在进行宠物食品市场调查的过程中提升宏观辨识的能力及团队合作精神。
2. 通过完成宠物食品识别与分类,提升综合分析的思维。

任务准备

① 查找资料,了解宠物食品市场行情。
② 了解常见的宠物食品品牌。
③ 查找资料,了解调查问卷组成因素。

任务实施

① 设计制定针对宠物主人的宠物食品市场调查问卷。
② 宠物门店调查,调查宠物医院、宠物店等实体店所销售的宠物食品种类及品牌,每组至少完成 5 家门店的调查工作,并将过程记录在任务 2-1 实施单。
③ 宠物主人调查,利用本组制定的宠物食品市场调查问卷,进行问卷调查,每组至少完成 30 份调查问卷(调查问卷不限于纸质,也可采取网络问卷等形式进行)。

任务结果

① 整理调查结果,并进行详细分析,并将调查结果分析和任务总结填写在任务 2-1 实施单。
② 收集调查过程中的影像资料,制作 PPT、小视频等,进行任务完成情况汇报。

任务评价

任务评价见任务 2-1 考核单。

 任务资讯

1. 宠物食品的分类

（1）宠物食品根据水分含量分类 可分为干性宠物食品、半湿性宠物食品和湿性宠物食品，依据《全价宠物食品 犬粮》（GB/T 31216—2014）。

① 干性宠物食品：指水分含量低于 14% 的宠物食品。其中，干性宠物粮作为宠物主粮的主力市场，一直占据着最主要位置，主要用谷物类、谷物副产品、豆类制品、动物副产品（包括乳副产品）、脂肪、维生素和矿物质配合而成。

你知道宠物食品的种类有哪些吗？

a. 干性宠物粮的优点：干性宠物粮是根据宠物的营养需求而设计的，含有宠物必需的营养成分，具有营养针对性强、科学全面、均衡等优点；水分含量低，易于保存、不易变质，能够保证宠物的食品安全；包装规格多种多样、使用简单、便于携带；相对于湿性宠物食品，能量密度高，对于偏瘦的宠物利于增重；经过科学研究后被设计出各式各样的形状，利于宠物采食。

b. 干性宠物粮的缺点：对于某些疾病状态下食欲不佳的宠物，干性宠物粮水分含量低、适口性低；相对于湿性宠物粮，干性宠物粮能量密度高的反面作用，就是易增肥；干性宠物粮的原料结构、加工工艺对营养物质存在破坏性。

② 半湿性宠物食品：指水分含量不低于 14% 且低于 60% 的宠物产品。此类食品通常是采用挤压过程制作而成。

③ 湿性宠物食品：指水分含量不低于 60% 的宠物食品。通常含有高含量的新鲜或冷冻肉类、禽肉或者是鱼产品和动物副产品。以肉为基础的配方可能含有 25%～75% 的肉类或肉类副产品。虽然这种食品被设计成单独饲喂的全价而均衡的日粮，但常被作为添加物加到干性食品中来改善干性食品的适口性。

a. 湿性宠物食品可分为全价湿性宠物食品和零食湿性宠物食品。

Ⅰ. 全价湿性宠物食品：又称为"主食级"湿性宠物粮，营养全面，可单独作为主食每日饲喂，能够满足宠物全面营养需要。

Ⅱ. 零食湿性宠物食品：营养配比不全面，长期单独饲喂会导致犬、猫营养缺乏，特别对猫而言，会有不同程度的健康风险，因此零食湿性宠物食品不能作为主食每日饲喂。

b. 湿性宠物食品的优缺点

Ⅰ. 湿性宠物食品的优点：首先，含水量高，一般在 60%～85%，湿性宠物食品可以帮助犬、猫摄入足量的水分，减少尿结晶、尿结石的生成风险和猫原发性膀胱炎的复发风险；含有更多的禽畜肉、海产品等，这些肉是非常好的能量、蛋白质来源，也是丰富的微量元素、维生素、氨基酸的来源，营养丰富；香味更加浓郁，可刺激宠物的食欲；适口性比较好，质地柔软更适合口腔、牙齿有疾病，不方便咀嚼的老年犬、猫进食；相对于干性宠物食品，湿性宠物食品单位重量含有的能量会更低，对于有肥胖趋势或肥胖的犬、猫来说，能在吃饱的前提下减少能量摄入;全价处方湿粮用于生病动物的饮食管理,由于质地较为细腻,可方便医生进行管饲操作。

Ⅱ.湿性宠物食品的缺点:相比于干性宠物食品,湿性宠物食品通常价格较高;储存时间短,开封后,对储存条件要求更高,需密封放置冰箱冷藏,并在1~2天内食用完毕;长期吃湿粮,会加重牙结石的生成,需结合每日口腔护理来减少牙结石的产生。

c. 湿性宠物食品使用注意事项

Ⅰ.湿性宠物食品开封后如果不及时吃完,产品的稳定性和品质以及适口性都有所下降。因此,湿性宠物食品需要进行严格的灭菌和密封包装,宠物主人使用该类产品时应密切关注保质期限,同时该类产品在使用前要检查食物是否出现变味、霉变以及色泽不正常等现象,如有,则立即停止食用。

消费新趋势——宠物湿粮

Ⅱ.湿性宠物食品开封前,存放在室温条件干燥处,避免阳光直射。

Ⅲ.湿性宠物食品开封后,建议冰箱冷藏,一般不超过48h;放入冰箱前,最好用盖子或用保鲜膜进行处理,尽量密闭;待冷藏食物回温到室温时,再进行饲喂。

(2)宠物食品按照其营养成分不同分类 可分为:全价宠物食品、非全价宠物食品、宠物营养补充剂。

① 全价宠物食品:为满足宠物不同生命阶段或者特定生理、病理状态下的营养需要,将多种饲料原料和饲料添加剂按照一定比例配制的饲料,单独使用即可满足宠物全面营养需要,常见种类包括全价干粮、全价湿粮、全价乳粉以及生病状态下使用的全价处方粮等。

② 非全价宠物食品:由两种或两种以上宠物食品原料混合而成的宠物食品,但由于其营养素不全面,需和其他宠物食品配合使用才能满足宠物每日营养需要。

③ 宠物营养补充剂:为满足宠物对氨基酸、维生素、矿物质(微量元素)、酶制剂等营养性饲料添加剂的需要,由营养性饲料添加剂与载体或者稀释剂按照一定比例配制的饲料,包括微量元素补充剂、维生素补充剂等。

(3)其他宠物食品 目前,宠物食品消费市场上还存在宠物零食、烘焙性宠物食品和家制宠物鲜粮。

① 宠物零食:是指为实现奖励宠物、与宠物互动或者刺激宠物咀嚼、撕咬等目的,将几种饲料原料和饲料添加剂按照一定比例配制的饲料,包括零食湿粮、咬胶、肉干等。宠物零食不能大比例替代宠物日粮。

② 烘焙性宠物食品:烘焙性宠物食品采用传统方法制作,包括调制面团、形状切割或冲压、烘箱烘焙。因为其加工过程的特点,烘焙宠物食品中含有高含量的谷物(>50%),限制了可加入的湿肉类副产品或其浆液的量。

③ 宠物鲜粮:宠物鲜粮食材更新鲜、原料可控,但很难达到营养全面,要求制作者掌握更多宠物营养需求方面的知识,懂得食品配方的关键技术。

宠物喜欢的宠物零食

2. 宠物食品市场调查问卷样例

市场调查问卷参考样例见图2-1。

宠物食品市场调查单（宠物主人）

宠物名称：__________ 宠物品种：__________ 宠物年龄：__________岁

1.主人年龄段：

○18 岁以下　○18-38 岁　○38-58 岁之间　○8 岁以上

2.主人月薪：

○5000 以下　○5000-8000　○8000-12000　○12000 以上

3.您平时如何饲喂爱宠：

○专业宠物食品　○残羹剩饭　○二者混合

4.请问您常购买的品牌有哪些：

○皇家　○宠优　○宝路/伟嘉　○冠能　○比瑞吉　○好主人

○麦富迪　○顽皮　○路斯　○雷米高　○其他

5.您购买该品牌宠物食品的包装量为：

○1 kg　○3 kg　○5 kg　○10 kg　○桶装　○散装

6.您选择这类品牌的理由是：

○营养丰富　○口味多样　○宠物喜欢　○价格合适

○包装好看　○其他

7.您能接受的宠物主粮食品单价为每公斤：

○20 元以下　○20～40 元　○40～60 元　○60 元以上

8.经常购买的保健食品品牌及价格：

9.经常购买的零食品牌及价格：

10.是否饲喂过处方粮：○是　○否

11.患有何种疾病（或手术）购买的哪种品牌的处方粮：

12.您经常从哪种渠道购买宠物食品：

○超市　○网络　○宠物医院　○宠物商店　○其他

13.对于购买过的产品是否达到理想要求：○是　○否

14.您希望宠物食品应该在哪方面进行改进：

图 2-1　宠物食品市场调查问卷参考样例

资讯拓展

1. 宠物饲料的定义

宠物饲料管理办法（农业农村部 20 号公告）：宠物饲料（宠物食品）指经工业化加工、制作的供宠物直接食用的产品。分为宠物配合饲料（即全价宠物食品，包括全价干粮、全价湿粮、全价处方粮、全价乳粉）、宠物添加剂预混合饲料（即宠物营养补充剂，包括微量元素补充剂、维生素补充剂等）、其它宠物饲料（即宠物零食，包括零食湿粮、咬胶、肉干等）。

通常把在宠物店和商超出售的商品化宠物食品，称为宠物商品粮。

2. 全价宠物配合饲料的生产加工工艺

全价宠物犬、猫粮是根据宠物的饲养标准和原料的营养特点，将多种原料（包括添加剂）混合均匀，组成的混合物。国际上全价宠物配合饲料生产工艺一般分为两类：一类是先粉碎后配料加工工艺；另一类是先配料后粉碎加工工艺。选择哪种工艺主要取决于所用原料性质。

(1) **先粉碎后配料加工工艺** 先粉碎后配料加工工艺是将需要粉碎的原料通过粉碎设备逐一粉碎成粉状后，分别进入各自的中间配料仓按照宠物食品配方的配比，对这些粉状的原料逐一计量后，进入混合设备进行充分的混合，即成粉状配合宠物食品，如需成型就进入挤压膨化系统加工成颗粒。目前，这种工艺均采用电脑控制生产，配料与混合工序和预混合工序均需按配方和生产程序进行。此加工工艺多用于生产规模较大、配比要求和混合均匀度高、原料品种多的宠物食品。单一品种宠物食品进行粉碎时粉碎机可按照宠物食品的物理特性充分发挥其粉碎效率，降低电耗、提高产量、降低生产成本，粉碎机的筛网或风量还可根据不同的粒度要求进行选择和调换，这样可使粉状配合宠物食品的粒度质量达到最好的程度。但此工艺需要较多的配料仓、进出料控制阀门和破拱等振动装置，因此生产工艺复杂，建设投资大；当需要粉碎的宠物食品种类超过3种时，还必须采用多台粉碎机，否则将造成粉碎机经常调换品种，操作频繁，负载变化大，生产效率低，电耗也大。其工艺流程如图2-2所示。

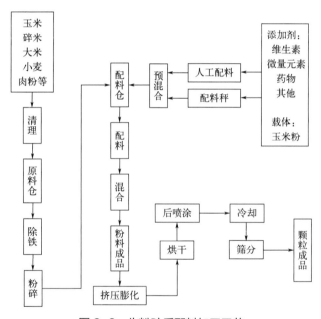

图2-2 先粉碎后配料加工工艺

(2) **先配料后粉碎加工工艺** 先配料后粉碎加工工艺先将各种原料（不包括维生素和微量元素）按照宠物食品配方的配比，采用计量的方法配合在一起，然后进行粉碎，粉碎后的粉料进入混合设备进行分批混合或连续混合，并在混合开始时将被稀释过的维生素、微量元素等添加剂加入，混合均匀后即为粉状配合宠物食品。如果需要将粉状配合宠物食品压制成颗粒宠物食品时，将粉状宠物食品经过蒸汽调质，加热使之软化后进入挤压膨化机进行膨化，然后再经烘干、喷涂、冷却后即为膨化颗粒宠物食品。此工艺特点是原料仓也是配料仓，减少投资；不需要更多料仓，可适应物料品种的变化；粉碎机工作情况好坏会直接影响全厂工作。此工艺工艺流程简单、结构紧凑、投资少、节省动力，原料仓就是配料仓，从而省去中间配料仓和中间控制设备。但部分粉碎宠物食品要经粉碎，造成粒度过细，影响粉碎机产量，又浪费电能。其工艺流程如图2-3所示。

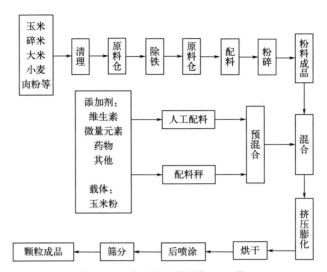

图 2-3　先配料后粉碎加工工艺

犬、猫粮的加工方法及流程

任务2-2 宠物犬主粮推荐

知识目标

1. 归纳不同体型、不同年龄犬的主粮选择重点。
2. 归纳宠物商品粮推荐的步骤。

能力目标

1. 能根据宠物犬的特点为其选择适合的主粮。
2. 能向宠物主人推荐主粮。

素质目标

1. 通过为不同特点宠物犬推荐主粮,培养科学饲养的意识以及诚实守信的职业素养。
2. 模拟推荐及岗位销售过程,提升岗位销售能力,培养集体荣誉感和团队合作精神。

任务准备

情景:您是宠物店前台工作人员,请为顾客的宠物犬选择适合的主粮并进行推荐。

① 每组准备5只不同的犬只,尽可能区分为不同体型、不同年龄段的犬只;如无实验犬的情况下,可参照任务实施单中列出的犬只信息。
② 准备10款以上市面上销售的犬粮,图片代替也可。
③ 进行角色分工。

任务实施

① 向顾客询问犬只的品种、年龄、体重、排便情况、生理状态及有无特殊问题等详细信息,并观察犬只的体型、毛发(毛质、毛量及光泽度)、皮肤、牙齿等各方面状况。
② 根据犬只信息,选择适合该犬只的2~3款主粮,选择要点可参考任务资讯1、2。
③ 推荐讲解,包括选择以上主粮的原因、商品名称,对比分析几款商品粮特色、成分分析保证值、原料组成等商品标签的详细信息。
④ 待宠物主人确定选择好商品粮之后,讲解换食方法、饲喂指南、储存方法等详细信息,指导宠物主人进行科学的饲喂。
⑤ 宠物门店犬粮销售实践(根据实际情况选择此步骤是否进行)。

任务结果

① 完成至少 5 只不同犬只主粮推荐。
② 将任务实施过程及任务总结填写在任务 2-2 实施单。

任务评价

任务评价见任务 2-2 考核单。

任务资讯

1. 宠物商品粮推荐步骤

（1）了解宠物信息

① 向顾客询问饲养宠物为何品种。

② 向顾客询问饲养宠物的体重：根据体重判断体型，小型 10kg 以下、中型 11～25kg、大型 25kg 以上。

③ 向顾客询问饲养宠物的年龄：根据年龄判断生命周期。

a. 中小型犬：幼犬 1 岁以下、成年犬 1～6 岁、老年犬 7 岁以上。

b. 大型犬：幼犬 1.5 岁以下、成年犬 1～5 岁、老年犬 6 岁以上。

④ 向顾客询问宠物是否处于特殊生理时期：妊娠、泌乳等。

⑤ 向顾客询问宠物的皮肤和被毛情况：通过皮肤和被毛初步判断宠物营养状况。

⑥ 向顾客询问宠物的排便情况：初步判断宠物的消化情况。

（2）主粮选择　根据宠物信息，选择适合该品种、体型、年龄段等需求的犬粮商品，可选择不同品牌、不同价位的 2～3 款商品粮供宠物主人选择。

（3）主粮推荐　推荐讲解，包括选择这几款商品粮的原因、商品名称，对比分析几款商品粮特色、成分分析保证值、原料组成等商品标签的详细信息。

（4）饲喂指导　待宠物主人确定选择好商品粮之后，讲解换食方法、饲喂指南、储存方法等详细信息，指导宠物主人进行科学的饲喂。

2. 不同类型犬的主粮选择倾向

不同体型、年龄、活动量的犬，对营养的需求不同，所以选择主粮应以犬的年龄、体型、活动量为基准，以宠物的特殊需求为导向，从而满足宠物犬各生长阶段不同的营养需要。

（1）离乳期幼犬主粮选择倾向　离乳期幼犬来自母体的母源抗体保护力逐渐消失，自身免疫力尚未完全形成；咬合力弱，消化结构和功能不健全，肠胃敏感；身体快速成长，需要全面均衡营养和高能量。因此，需选择离乳期幼犬专用主粮（奶糕），其蛋白质应为易消化蛋白，颗粒易于再水合，利于幼犬过渡到固态干粮。

不同体型离乳期的幼犬，在营养需求上几乎无区别，但不同体重时期在饲喂量上有一定区分，详细对比见图 2-4～图 2-6。

（2）幼犬主粮选择倾向

① 小型犬幼犬：小型犬幼犬指 2～10 月龄的幼犬，其 6～8 月龄达到体成熟和性成熟，生长迅速，需要高密度能量犬粮，成年后体重在 4～10kg 的犬，如比熊犬、八哥犬和雪纳

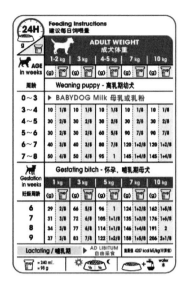

图 2-4　小型犬幼犬离乳期饲喂指南

图 2-5　中型犬幼犬离乳期饲喂指南

图 2-6　大型犬幼犬离乳期饲喂指南

瑞犬等。小型犬幼犬期易生病，生长速度快，营养需求量大。主粮应选择营养丰富、提高免疫力、呵护肠道的产品。可偏向于添加维生素 C、维生素 E、牛磺酸、叶黄素等抗氧化剂的产品。

② 中型犬幼犬：中型犬幼犬指 12 个月龄达到体成熟和性成熟，运动量大，主粮选择时需要注重能量的摄入。

③ 大型犬幼犬：大型犬幼犬指 12～28 个月达到体成熟和性成熟，即使在成熟阶段（生长板已经闭合），体重也在增加，特别容易出现生长问题，如骨骼畸形、关节受损等。高能量的摄入，会导致幼犬增重较快，所以需要选取低能量、钙磷比例合适的食物。

（3）成年犬主粮选择倾向　小型犬和超小型犬生长至 18 个月，中型犬和大型犬生长至 24 个月称为成年犬。身体发育成熟，各项生理功能均达到正常水平，出现发情、配种、妊娠和哺乳等一系列问题。营养应满足产热、运动并维持新陈代谢等需要。

① 小型犬成年犬：这一阶段的犬易挑嘴、厌食，对脂肪和能量需求量高，在选择主粮时可以考虑添加 L-肉碱等可以促进脂肪代谢的产品，这样既可以满足小型犬对高能量的要求，又可以维持理想体重。为了维持犬的皮肤健康可选择添加富含 Ω-3 成分（EPA/DHA）、维生素 A 及其他复合营养素的产品。小型犬因其牙齿间隙小的解剖结构特点，食物残渣残留牙齿缝隙易产生口腔问题，选择时要考虑粮食颗粒的大小、形状及硬度，目的是在犬只进食时牙齿能得到充分的摩擦，减少牙结石形成。

② 中型犬成年犬：中型犬成年后体重一般为 11～25kg，如边境牧羊犬、哈士奇犬、可卡犬等。大多数中型犬最初都为工作犬，比如打猎、护卫、牧羊、拉雪橇等。现以伴侣犬为多，室内活动，运动量少，肥胖的风险逐渐增高。在主粮的选择上，要求能量适中，目的是保持身材，预防肥胖。选择上可倾向于添加膳食纤维的主粮，帮助提高犬的消化性。

③ 大型犬成年犬：大型犬成年后体重一般为 26～44kg，如德国牧羊犬、阿拉斯加雪橇犬等。体型越大，其消化道占体重的比重越小，大型犬易引发消化系统疾病。大型犬主粮选择上，一方面要确保消化安全性，另一方面要注重关节与骨骼承受因体重带来的巨大压力。

氨基葡萄糖，是天然的氨基单糖，是软骨基质中合成蛋白聚糖所必需的重要成分。蛋白聚糖可以通过抑制胶原纤维的拉伸力来使关节软骨具有吸收冲击力的功能。氨基葡萄糖可以帮助修复和维护软骨，并能刺激软骨细胞的生长。此外，氨基葡萄糖还具有抗炎作用，可缓解骨关节炎的疼痛症状，改善关节功能，并可阻止骨关节炎病程的发展。硫酸软骨素来源于动物软骨组织，是一种蛋白聚糖，也是构成关节的成分之一。通过在软骨组织中吸收水分，保持关节软骨的保水性和弹性，使关节活动灵活，减少老化软骨的损伤。当动物出现骨关节炎时，GAG和蛋白聚糖会减少，这时就需要大量前体物质氨基葡萄糖。目前，已明确硫酸软骨素的比例会随年龄增长而发生变化，硫酸软骨素可延缓酶造成的软骨退化。在主粮的选择上可倾向于含有GAG成分的主粮。对于颗粒大小的选择，大而低密度的颗粒能减缓吞咽的速度，增强饱腹感。

（4）**老年犬主粮选择倾向**　宠物在衰老期由于身体功能退化，功能储备减少，易感性增高，会伴生许多老年疾病，如肥胖症、糖尿病、慢性肾病、心脏病等。因此，这一时期应加强对老年宠物的饮食管理和控制。对于年老的犬，体重开始改变，被毛粗糙无光泽，脱毛严重，肌肉萎缩，关节间的润滑液减少，引发关节炎、听力衰退、晶状体变浑浊等问题。主粮的选择上应注重保持健康活力、呵护口腔健康、滋养被毛、保护关节等功效成分的添加。自由基的产生是导致老化的主要原因，主粮选择同时应注意抗氧化剂的添加。

（5）**其他类型犬主粮选择倾向**　除上述主粮外，还有些针对某种特殊需要而定制的功能型主粮，例如绝育后保持理想体重的主粮、呵护敏感皮肤的主粮、助被毛色泽靓丽的主粮、控制体重增加的主粮和促进消化吸收等作用的主粮。某些厂家还推出品种犬粮，根据不同品种犬的生理特点定制的主粮，选粮倾向见表2-1。

表2-1　各品种成年犬选择主粮倾向

品种	选择倾向
比熊犬	健康皮肤和被毛，呵护泌尿系统健康
贵宾犬	健康皮肤和被毛，支持消化系统和心脏健康
柴犬	维持理想体重，呵护消化系统健康
金毛犬	呵护心脏健康，维持理想体重
拉布拉多犬	维持理想体重，健康关节与骨骼
法斗犬	维持理想肌肉量，健康皮肤和被毛
德国牧羊犬	健康关节与骨骼，呵护消化系统健康
迷你雪纳瑞犬	健康皮肤和被毛，呵护泌尿道健康
吉娃娃犬	高适口性，呵护口腔健康

任务2-3

宠物猫主粮推荐

 知识目标

归纳不同体型、不同年龄段猫的主粮选择重点。

 能力目标

1. 能根据不同猫的特点为其选择适合的主粮。
2. 能向宠物主人推荐主粮。

 素质目标

1. 通过为不同特点宠物猫推荐主粮,培养科学饲养的意识以及诚实守信的职业素养。
2. 模拟推荐及岗位销售过程,提升岗位销售能力,培养集体荣誉感和团队合作精神。

 任务准备

情景:您是宠物店前台工作人员,请为顾客的宠物猫选择适合的主粮并进行推荐。

① 每组准备 5 只不同的猫,尽可能区分为不同体型、不同年龄段的猫;如无实验猫的情况下,可参照任务实施单中列出的猫信息。

② 准备 10 款以上市面上销售的猫粮,图片代替也可。

③ 进行角色分工。

 任务实施

① 向顾客询问猫的品种、年龄、体重、排便情况、生理状态及有无特殊问题等详细信息,并观察猫的体型、毛发(毛质、毛量及光泽度)、皮肤、牙齿等各方面状况。

② 根据猫的信息,选择适合该猫的 2~3 款主粮,选择要点可参考任务资讯 1、2。

③ 推荐讲解,包括选择以上主粮的原因、商品名称,对比分析几款商品粮特色、成分分析保证值、原料组成等商品标签的详细信息。

④ 待宠物主人确定选择好商品粮之后,讲解换食方法、饲喂指南、储存方法等详细信息,指导宠物主人进行科学的饲喂。

⑤ 宠物门店猫粮销售实践(根据实际情况选择此步骤是否进行)。

 任务结果

① 完成至少 5 只不同猫主粮推荐。

② 将任务实施过程及任务总结填写在任务 2-3 实施单。

 任务评价

任务评价见任务 2-3 考核单。

 任务资讯

1. 幼猫时期主粮选择倾向

幼猫一般指 12 月龄以下的小猫，主要分为两个生长阶段。

（1）第一生长阶段（0～4月龄，离乳期） 这一阶段幼猫生长迅速，对蛋白质和能量需求高，如母猫母乳不足时，应选择宠物配方乳制品代替母乳。1 月龄左右的小猫，除吃母乳外，应适当添加固体食物。断奶前后生长速度加快，体质比较脆弱，也是消化及抵抗力等重要功能充分发展的时期。幼猫断奶后丧失了将 α-亚麻酸转化为长链脂肪酸的能力，肠道消化乳糖的能力也下降。3 月龄左右幼猫从母体上获得的母源抗体消耗殆尽，饲喂时应注意营养的全面均衡。猫起源于沙漠，其大脑皮质渴觉中枢不及犬和人类敏感，习惯于从食物中获得水分，因此优质的湿粮是 0～4 月龄幼猫的理想主粮。

（2）第二生长阶段（4～12月龄） 这一阶段幼猫免疫系统尚未健全，6～8 月龄仍未达到成年猫健全水平；消化系统较为脆弱，需要易于消化的食物；身体骨骼快速发育，4～5 月龄为生长高峰期；在此阶段对蛋白质、钙、磷、镁需求量较成年猫高，能量需求依然维持较高水平，需要高质量、易消化的蛋白质去形成组织，长链脂肪酸 Ω-3 和 Ω-6 对于早期的神经发育很关键。

2. 成年猫时期主粮选择倾向

成年猫（1～6 岁）在饲养时需注意体重和体型的维持，避免肥胖，还应注意皮毛健康以及消化道内毛球的去除。可按照猫的不同特点挑选主粮，选择主粮倾向见表 2-2。

表 2-2　猫不同生理特点选择主粮倾向参照表

特点类型	选择主粮倾向
居家宅猫型	高易消化蛋白，维持理想体态，减少粪便异味
户外运动型	多种氨基酸及维生素，维护皮肤屏障；适宜能量配比，高易消化蛋白支持高运动量
挑嘴馋猫型	适宜能量配比，高易消化蛋白，维持理想体重，呵护敏感肠道
注重口感型	维持理想体重，不同形状、质地和配方的颗粒，增强咀嚼口感
挑食喜香型	鱼类蛋白香味，刺激嗅觉，增强食欲，支持消化健康
绝育呵护型	适宜脂肪含量，适宜蛋白质配比，均衡矿物质，维持理想体态，支持泌尿系统健康
消化优选型	低聚果糖（FOS），帮助保持肠道菌群平衡；多种不同形状颗粒，促进敏感猫摄食
室内长毛型	车前子等复合纤维，帮助肠道蠕动排出毛球；高易消化蛋白帮助减少粪便异味；添加 EPA 和 DHA 支持皮肤和被毛健康

3. 老年猫时期主粮选择倾向

老年猫一般指 7 岁以上的猫，消化功能减弱，认知能力下降，肿瘤、慢性肾病等退行性疾病凸显。能量需求差异较大，取决于个体的退行性疾病状态、消化吸收营养的能力、每日活动情况等。猫进入老年后肥胖的概率升高，需密切关注体况和体重，保证能量摄入与需求相当。主粮需选择可为其提供高易消化蛋白的食物，挑选添加牛磺酸、维生素 C、维生素 E 等抗氧化剂的食物，对抗自由基损伤，延缓机体衰老。另外，调整适宜磷含量的猫粮，可以帮助维护肾脏健康。

4. 其他功能性主粮

除上述主粮外，还有些针对某种特殊需要而定制的功能型主粮，例如富含钙螯合剂帮助减少牙结石形成的口腔护理型主粮；富含 L-肉碱并增加饱腹感、减少热量摄入的体重呵护型主粮；添加复合纤维促进肠道蠕动排出毛球的去毛球型主粮；添加 B 族维生素、含硫氨基酸及 Ω-3、Ω-6 脂肪酸，支持皮肤屏障功能和被毛生长亮泽的美毛型主粮等。

解读宠物无谷粮的特征

任务 2-4

犬、猫粮的对比分析

🏠 知识目标

1. 能归纳犬、猫食性差异。
2. 能归纳总结犬、猫营养需求差异。

🏠 能力目标

1. 能向客户对比分析同一生命时期犬粮和猫粮的区别。
2. 能纠正客户存在的饲养误区并进行科学的饲喂指导。

🏠 素质目标

1. 通过对同一时期犬、猫粮对比分析,培养分析总结能力。
2. 在向客户讲解分析的过程中普及科学饲养的理念,纠正饲养误区。

🤲 任务准备

情景:您是宠物店前台工作人员,您的顾客家里同时养了几只犬、猫,平时经常不注意区分,犬粮、猫粮随意饲喂,请为您的客户普及科学饲养的理念,纠正饲养误区。

① 每组至少准备同一品牌幼年犬、猫粮 1 组,成年犬、猫粮 1 组。
② 进行角色分工。

🐾 任务实施

① 对比犬、猫营养需要,分析同一品牌同一生命时期犬、猫粮的区别,填写在任务 2-4 实施单中。

猫粮和犬粮可以
互换喂食吗?

② 向顾客询问宠物基本信息以及家里养宠环境,并进行记录。
③ 向顾客询问饲喂的犬、猫粮的信息,并进行记录。
④ 分析客户存在的饲养误区。
⑤ 向顾客讲解同一品牌同一生命时期犬、猫粮的区别,并进行饲养误区的纠正及科学的饲喂指导。
⑥ 宠物门店犬、猫粮销售实践过程,纠正客户饲养误区,普及科学饲养理念(根据实际情况选择此步骤是否进行)。

任务结果

① 完成至少 2 个生命时期犬、猫粮的对比。
② 将任务实施过程及任务总结填写在任务 2-4 实施单。

 任务评价

任务评价见任务 2-4 考核单。

 任务资讯

1. 犬、猫食性的区别

从犬、猫食性特点看,猫是严格的肉食性动物,犬是以肉食为主的杂食性动物。由于犬对食物的适应性较强,所以在犬粮制作过程中,对原料的选择和配方的调整有相对较大的空间,不同犬粮中动物性原料的比例差异也较大。猫的特殊生理构成导致其与其他动物对营养的需求有所不同。猫缺乏淀粉酶,不能大量消化淀粉类食物。猫不能在皮肤内合成维生素D、牛磺酸,不能合成足够的鸟氨酸和瓜氨酸来转化为精氨酸,不能将胡萝卜素转化成维生素A,不能将亚油酸转化成花生四烯酸等,猫有很多特殊营养需求,均需在饲料中添加。猫的营养需求原则为高蛋白、高脂肪、低或无碳水化合物。选择主粮应以猫不同生长时期的生理特点为基准,满足健康生长的营养需要。

2. 犬、猫营养需求的区别

(1) 蛋白质需求差异 犬、猫食性的不同,最明显的区别就是对蛋白质和氨基酸需求的不同,猫相对犬而言,每日对蛋白质和氨基酸的摄取需求量要更高。国家标准(GB/T 31216—2014、GB/T 31217—2014)规定,幼年期、妊娠期和哺乳期猫粮的粗蛋白含量≥28%,而同时期犬粮的粗蛋白含量≥22%;成年期猫粮的粗蛋白含量≥25%,而成年期犬粮的粗蛋白含量≥18%,因此猫粮和犬粮的蛋白质含量是不同的。猫体内不能合成牛磺酸,必须依靠摄取外界食物来获得,牛磺酸的含量也是衡量猫日粮的一项必要指标,但是在犬粮里却不是必须添加的,所以犬粮里的牛磺酸含量不一定能够满足猫的需求,猫如果长期食用犬粮,可能会导致牛磺酸的摄取量不足,影响视力和心脏健康。猫不能自行合成足够的精氨酸,所以只能从食物中获取,动物组织内含大量的精氨酸,所以猫必须保证肉类成分的足够摄取。

(2) 脂肪需求差异 国家标准(GB/T 31216—2014、GB/T 31217—2014)规定,幼年期、妊娠期和哺乳期猫粮的粗脂肪含量≥9%,而同时期犬粮的粗脂肪量≥8%;成年期猫粮的粗脂肪含量≥9%,而成年期犬粮的粗脂肪含量≥5%。脂肪是猫重要的能量来源,猫对脂肪的需求量也高于犬,猫能有效地利用脂肪中的甘油来提供身体所需的能量。但猫缺乏将亚油酸转换成花生四烯酸所必需的代谢途径,所以无法将亚油酸转换成花生四烯酸。花生四烯酸主要存在于动物身体组织、肝脏及蛋黄中,所以猫日常饮食中应有足够的动物源性成分。

(3) 碳水化合物需求差异 碳水化合物不是猫必需营养素,因猫体内缺乏某些消化碳水化合物的酶类,摄取过量的碳水化合物反而会令猫的消化系统不胜负荷,从而影响蛋白质的吸收。猫在进食含有大量碳水化合物的食物后,血糖会迅速升高,从而可能患上糖尿病。而犬作为杂食性动物,对碳水化合物的需求要高于猫。

（4）维生素需求差异 犬能将蔬果中的胡萝卜素转化成维生素 A，但因猫缺乏这种转化功能，所以猫必须直接摄取来自动物的维生素 A，以保持视力、骨骼、肌肉、皮肤以及生殖系统的健康。维生素 D 对骨骼健康和发育是必需的。猫体内无法合成维生素 D，完全依赖于食物来源。与犬相比，猫对 B 族维生素的需求更高，而 B 族维生素对于神经系统、皮肤、毛发、眼睛、肝脏、肌肉，以及脑部健康都具有重大作用。例如维生素 B_3，在犬体内可以由必需氨基酸色氨酸合成，但合成量无法满足 1 天的需求；猫体内合成维生素 B_3 的能力极低，所以必须从食物中摄取；维生素 B_7 在犬体内可由肠道细菌产生，猫必须从食物中摄取；维生素 B_9 在犬体内通过肠道细菌产生少量，但是否能满足 1 天需求目前尚不明确，猫必须从饮食中摄取。

3. 幼年、成年犬、猫的营养需求（根据AFFCO营养标准的推荐）

基于干物质和能量含量的犬、猫营养需求见表 2-3～表 2-6。

表 2-3　犬营养需求表（基于干物质）

营养成分	单位 DM	成长和生长期 最小值	成年维持期 最小值	最大值
粗蛋白	%	22.5	18.0	—
精氨酸	%	1.0	0.51	—
组氨酸	%	0.44	0.19	—
异亮氨酸	%	0.71	0.38	—
亮氨酸	%	1.29	0.68	—
赖氨酸	%	0.90	0.63	—
蛋氨酸 - 半胱氨酸	%	0.70	0.65	—
蛋氨酸	%	0.35	0.33	—
苯丙氨酸 - 酪氨酸	%	1.30	0.74	—
苯丙氨酸	%	0.83	0.45	—
苏氨酸	%	1.04	0.48	—
色氨酸	%	0.20	0.16	—
缬氨酸	%	0.68	0.49	—
粗脂肪	%	8.5	5.5	—
亚油酸	%	1.3	1.1	—
α- 亚麻酸	%	0.08	未确定	—
EPA+DHA	%	0.05	未确定	—
（亚油酸 + 花生四烯酸）：（α- 亚麻酸 +EPA+DHA）				30：1
矿物质				
钙	%	1.2	0.5	2.5（1.8）
磷	%	1.0	0.4	1.6
钙：磷		1：1	1：1	2：1
钾	%	0.6	0.6	—

续表

营养成分	单位 DM	成长和生长期 最小值	成年维持期 最小值	最大值
钠	%	0.3	0.08	—
氯	%	0.45	0.12	—
镁	%	0.06	0.06	—
铁	mg/kg	88	40	—
铜	mg/kg	12.4	7.3	—
锰	mg/kg	7.2	5.0	—
锌	mg/kg	100	80	—
碘	mg/kg	1.0	1.0	11
硒	mg/kg	0.35	0.35	2
维生素和其他				
维生素 A	IU/kg	5000	5000	250000
维生素 D	IU/kg	500	500	3000
维生素 E	IU/kg	50	50	—
维生素 B_1(硫胺素)	mg/kg	2.25	2.25	—
维生素 B_2(核黄素)	mg/kg	5.2	5.2	—
维生素 B_5(泛酸)	mg/kg	12	12	—
维生素 B_3(烟酸)	mg/kg	13.6	13.6	—
维生素 B_6(吡哆醇)	mg/kg	1.5	1.5	—
维生素 B_9(叶酸)	mg/kg	0.216	0.216	—
维生素 B_{12}(钴胺素)	mg/kg	0.028	0.028	—
胆碱	mg/kg	1360	1360	—

表 2-4 犬营养需求表（基于能量含量）

营养成分	单位 /1000kcal ME	成长和生长期 最小值	成年维持期 最小值	最大值
粗蛋白	g	56.3	45.0	
精氨酸	g	2.50	1.28	
组氨酸	g	1.10	0.48	
异亮氨酸	g	1.78	0.95	
亮氨酸	g	3.23	1.70	
赖氨酸	g	2.25	1.58	
蛋氨酸 - 半胱氨酸	g	1.75	1.63	
蛋氨酸	g	0.88	0.83	
苯丙氨酸 - 酪氨酸	g	3.25	1.85	
苯丙氨酸	g	2.08	1.13	

续表

营养成分	单位/1000kcal ME	成长和生长期最小值	成年维持期最小值	最大值
苏氨酸	g	2.60	1.20	
色氨酸	g	0.50	0.40	
缬氨酸	g	1.70	1.23	
粗脂肪	g	21.3	13.8	
亚油酸	g	3.3	2.8	
α-亚麻酸	g	0.2	未确定	
EPA+DHA	g	0.1	未确定	
（亚油酸+花生四烯酸）：（α-亚麻酸+EPA+DHA）				30：1
矿物质				
钙	g	3.0	1.25	6.25（4.5）
磷	g	2.5	1.00	4.0
钙：磷		1：1	1：1	2：1
钾	g	1.5	1.5	—
钠	g	0.80	0.20	—
氯	g	1.10	0.30	—
镁	g	0.15	0.15	—
铁	mg	22	10	—
铜	mg	3.1	1.83	—
锰	mg	1.8	1.25	—
锌	mg	25	20	
碘	mg	0.25	0.25	2.75
硒	mg	0.09	0.08	0.5
维生素和其他				
维生素 A	IU	1250	1250	62500
维生素 D	IU	125	125	750
维生素 E	IU	12.5	12.5	—
维生素 B_1（硫胺素）	mg	0.56	0.56	
维生素 B_2（核黄素）	mg	1.3	1.3	—
维生素 B_5（泛酸）	mg	3.0	3.0	
维生素 B_3（烟酸）	mg	3.4	3.4	
维生素 B_6（吡哆醇）	mg	0.38	0.38	
维生素 B_9（叶酸）	mg	0.054	0.054	
维生素 B_{12}（钴胺素）	mg	0.007	0.007	
胆碱	mg	340	340	—

表2-5 猫营养需求表（基于干物质）

营养成分	单位 DM Basis	成长和生长期最小值	成年维持期最小值	最大值
粗蛋白	%	30.0	26.0	
精氨酸	%	1.24	1.04	
组氨酸	%	0.33	0.31	
异亮氨酸	%	0.56	0.52	
亮氨酸	%	1.28	1.24	
赖氨酸	%	1.20	0.83	
蛋氨酸-半胱氨酸	%	1.10	0.40	
蛋氨酸	%	0.62	0.20	1.5
苯丙氨酸-酪氨酸	%	1.92	1.53	
苯丙氨酸	%	0.52	0.42	
苏氨酸	%	0.73	0.73	
色氨酸	%	0.25	0.16	1.7
缬氨酸	%	0.64	0.62	
粗脂肪	%	9.0	9.0	
亚油酸	%	0.6	0.6	
α-亚麻酸	%	0.02	未确定	
花生四烯酸	%	0.02	0.02	
EPA+DHA	%	0.012	未确定	
矿物质				
钙	%	1.0	0.6	
磷	%	0.8	0.5	
钾	%	0.6	0.6	
钠	%	0.2	0.2	
氯	%	0.3	0.3	
镁	%	0.08	0.04	
铁	mg/kg	80	80	
铜（挤压）	mg/kg	15	5	
铜（罐装）	mg/kg	8.4	5	
锰	mg/kg	7.6	7.6	
锌	mg/kg	75	75	
碘	mg/kg	1.8	0.6	9.0
硒	mg/kg	0.3	0.3	
维生素和其他				
维生素A	IU/kg	6668	3332	333300
维生素D	IU/kg	280	280	30080

续表

营养成分	单位 DM Basis	成长和生长期 最小值	成年维持期 最小值	最大值
维生素 E	IU/kg	40	40	
维生素 K	mg/kg	0.1	0.1	
维生素 B_1(硫胺素)	mg/kg	5.6	5.6	
维生素 B_2(核黄素)	mg/kg	4.0	4.0	
维生素 B_5(泛酸)	mg/kg	5.75	5.75	
维生素 B_3(烟酸)	mg/kg	60	60	
维生素 B_6(吡哆醇)	mg/kg	4.0	4.0	
维生素 B_9(叶酸)	mg/kg	0.8	0.8	
生物素	mg/kg	0.07	0.07	
维生素 B_{12}(钴胺素)	mg/kg	0.020	0.020	
胆碱	mg/kg	2400	2400	
牛磺酸(膨化)	%	0.10	0.10	
牛磺酸(罐装)	%	0.20	0.20	

表 2-6 猫营养需求表(基于能量含量)

营养成分	单位 /1000kcal ME	成长和生长期 最小值	成年维持期 最小值	最大值
粗蛋白	g	75	65	
精氨酸	g	3.10	2.60	
组氨酸	g	0.83	0.78	
异亮氨酸	g	1.40	1.30	
亮氨酸	g	3.20	3.10	
赖氨酸	g	3.00	2.08	
蛋氨酸-半胱氨酸	g	2.75	1.00	
蛋氨酸	g	1.55	0.5	3.75
苯丙氨酸-酪氨酸	g	4.80	3.83	
苯丙氨酸	g	1.30	1.05	
苏氨酸	g	1.83	1.83	
色氨酸	g	0.63	0.40	4.25
缬氨酸	g	1.55	1.55	
粗脂肪	g	22.5	22.5	
亚油酸	g	1.40	1.40	
α-亚麻酸	g	0.05	未确定	

续表

营养成分	单位/1000kcal ME	成长和生长期最小值	成年维持期最小值	最大值
花生四烯酸	g	0.05	0.05	
EPA+DHA	g	0.03	未确定	
矿物质				
钙	g	2.5	1.5	
磷	g	2.0	1.25	
钾	g	1.5	1.5	
钠	g	0.5	0.5	
氯	g	0.75	0.75	
镁	g	0.20	0.10	
铁	mg	20.0	20.0	
铜（膨化）	mg	3.75	1.25	
铜（罐装）	mg	2.10	1.25	
锰	mg	1.90	1.90	
锌	mg	18.8	18.8	
碘	mg	0.45	0.15	2.25
硒	mg	0.075	0.075	
维生素和其他				
维生素 A	IU	1667	833	83325
维生素 D	IU	70	70	7520
维生素 E	IU	10	10	—
维生素 K	mg	0.025	0.025	
维生素 B_1（硫胺素）	mg	1.40	1.40	
维生素 B_2（核黄素）	mg	1.00	1.00	—
维生素 B_5（泛酸）	mg	1.44	1.44	—
维生素 B_3（烟酸）	mg	15	15	
维生素 B_6（吡哆醇）	mg	1.0	1.0	
维生素 B_9（叶酸）	mg	0.20	0.20	
生物素	mg	0.018	0.018	
维生素 B_{12}（钴胺素）	mg	0.005	0.005	—
胆碱	mg	600	600	—
牛磺酸（膨化）	g	0.25	0.25	
牛磺酸（罐装）	g	0.50	0.50	

项目三

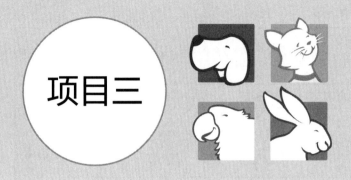

宠物科学饲喂

任务 3-1

幼犬饲喂方案制定及执行

 知识目标

1. 能归纳总结仔犬和幼犬的生理特点、营养需要。
2. 能够描述仔犬和幼犬的饲喂要点及日常管理要点。

 能力目标

1. 能够为仔犬和幼犬制定科学的饲喂方案。
2. 能够正确执行制定好的饲喂方案。

 素质目标

1. 通过制定、执行及调整方案,习得分析问题、解决问题的综合思维方式。
2. 通过方案执行,提升岗位执行能力及分工协作能力。

 任务准备

① 每组准备 1 只新生仔犬;如无实训条件,可参照任务 3-1 实施单中犬只信息。
② 每组准备 1 只幼犬;如无实训条件,可参照任务 3-1 实施单中犬只信息。
③ 归纳总结仔犬的生理特点、营养需要、饲喂以及日常管理要点。
④ 归纳总结幼犬的生理特点、营养需要、饲喂以及日常管理要点。

 任务实施

1. 为仔犬制定科学合理的饲喂方案

① 确定饲喂管理中的各个环节及先后顺序。
② 落实各环节的具体操作及注意事项。
③ 回顾仔犬的生理特点、营养需要、饲喂以及日常管理要点,确定饲喂方案的合理性。
④ 执行(模拟执行)饲喂方案:如实训条件允许,请执行制定的饲喂方案;如无可实施条件,可模拟执行饲喂方案。

2. 为幼犬制定科学合理的饲喂方案

① 分析幼犬现执行的饲喂方案,确定饲喂管理中的各个环节及先后顺序是否科学合理。
② 如存在问题,请调整现行的饲喂方案,落实各环节的具体操作及注意事项。

③ 回顾幼犬的生理特点、营养需要、饲喂以及日常管理要点，确定饲喂方案的合理性。

④ 执行（模拟执行）饲喂方案：如实训条件允许，请执行制定的饲喂方案；如无可实施条件，可模拟执行饲喂方案。如现行方案科学合理，按照现有方案执行。

任务结果

① 执行（模拟执行）饲喂方案至少 3 次。
② 对在执行（模拟执行）过程中发现的问题，进行总结分析，调整形成最终饲喂方案。
③ 将任务实施过程及任务总结填写在任务 3-1 实施单。

任务评价

任务评价见任务 3-1 考核单。

任务资讯

1. 幼犬的时间划分

从出生 0 天至断奶（45 日龄）这段时间的犬称为仔犬；从断奶到 12 月龄左右的犬称为幼犬，但由于各品种犬的体型差异较大，因此幼犬期的长短也有所差异，通常大型犬比中型犬更晚进入成年阶段，中型犬又比小型犬要晚进入成年阶段，具体参照表 3-1。

表 3-1　犬幼年期划分（GB/T 31216—2014）

成年时体重 /kg	幼年期 / 月龄	成年时体重 /kg	幼年期 / 月龄
≤ 5	< 9	20 ~ 40	< 18
5 ~ 20	< 12	≥ 40	< 21

2. 仔犬的生理特点和营养需要

（1）**生理特点**　一般，仔犬 10~14 日龄睁眼，17~21 日龄看见东西，13~17 日龄耳道开启。消化器官不发达，消化功能不完善，体温调节能力差，主动免疫力低下。生长发育快，物质代谢旺盛。

（2）**营养需要**　仔犬需要饲喂母乳或全价平衡的日粮。需要适宜的能量，足够数量且品质高的蛋白质，由于骨骼生长发育需要大量钙磷。需注意补铁，预防贫血。

3. 仔犬的饲喂与日常管理要点

（1）**做好记录**　按出生先后进行编号，逐只称重，其后 5 天或 7 天称重一次。出生第 1 天的幼犬会出现生理性的减重，但不应超过 10%。正常情况下，幼犬在最初的一周内体重增长非常快，可达到每天 5%~10%。每天定时给幼犬称量体重能够很好地监控幼犬的生长情况。

（2）**做好护理**　加强看护，防止被母犬挤压。若听到仔犬尖叫，要及时查看。

（3）**保证环境温度**　初生仔犬以 28~32℃为宜，2~3 周龄的仔犬以 27℃为宜，出生 4 周龄后以 23℃为宜。

（4）**仔犬的哺乳**　尽早吃到足够的初乳，仔犬应在母犬分娩 48h 内获取来自母犬的初乳。超过这一时间，乳汁中的抗体在吸收前会先被胃液破坏，从而失去其对仔犬的保护作用。对产后1周龄内的仔犬尽量不用或少用其他代乳品。

（5）**初生仔犬的排泄**　初生仔犬的排粪、排尿功能尚未发育成熟，需要靠母犬舔舐肛门、生殖器刺激排泄，同时利用初乳的轻泻作用辅助完成。当仔犬发生被母犬照顾不周的情况时，可使用棉球等物品擦拭仔犬肛门及外阴部周围的方式人工刺激排便；或把肉汤、鸡蛋清等涂抹到仔犬阴部周围，利用气味诱导母犬舔舐的方法辅助排便。

（6）**适时补饲，逐渐断乳**　2周龄左右开始引导仔犬自行采食。30日龄左右，当犬可以自由采食常规饲料后，将母犬和仔犬分开饲养，分开时间由短到长，逐渐到45日龄左右时完全分开。

（7）**卫生管理**　定期进行卫生清洁与消毒。

（8）**仔犬的防疫**　仔犬出生后20日龄开始驱虫计划，以后每月预防性驱虫一次。但具体时间安排还要参考驱虫药的使用说明和医师的建议。传染病的免疫建议从6周龄开始。

4. 幼犬的生理特点和营养需要

（1）**生理特点**　幼犬生长发育旺盛，3月龄以前，主要增长躯体和增加体重；4~6月龄，主要增长体长；7月龄以后，主要增长体高。

（2）**营养需要**　幼犬需要全价平衡的日粮，足够数量且高品质的蛋白质，均衡的钙磷。钙和维生素D的补充，有助于骨骼生长，但五个月前的犬，对钙的吸收处于被动状态，因此要注意适量补充，不可过多或过少。

5. 幼犬的饲喂与日常管理要点

（1）**饲喂要点**　为减少断奶应激，应让幼犬在熟悉的环境中进行生活。断奶至2月龄前，仍处于快速生长期，应摄入营养密度高、易消化的食物。此外，还需注意蛋白质、钙、磷、镁等营养元素的补充，以满足肌肉和骨骼的生长。2月龄后，生长速度减慢，与之前相比，摄入的能量要稍加控制。3~4月龄，建议增加饲喂量，每日喂4次。4~5月龄，脂肪组织开始生长，为避免肥胖，必须适当控制能量的摄入。5~6月龄，增加饲喂量，每日喂3~4次；7~8月龄，过渡到成犬粮，每日喂3次。

（2）**适当运动**　适当让幼犬运动和锻炼，对强健骨骼、肌肉组织，改善内脏器官功能，促进新陈代谢，适应不同气候及环境条件等均有良好作用。加强幼犬的户外运动和进行日光浴可以增强体质，促进新陈代谢和骨骼的发育。幼犬每日应有一定的户外运动时间，运动时间可持续0.5~1h，其运动形式以不加控制的自由走动、奔跑为主。运动量不宜过大，因为剧烈运动会导致身体发育不匀称或骨骼变形，而且会影响食欲。

（3）**幼犬分群**　根据实际情况决定犬群大小。一般饲养，种用幼犬不宜超过4~6只。

（4）**幼犬的调教**　加强对幼犬定点排便和定点睡眠的调教，其养成良好的生活习惯，将有利于犬舍的卫生，减轻犬舍的管理工作。

（5）**幼犬的驱虫和预防接种**　驱虫按时进行。免疫接种从幼犬6周龄左右开始，疫苗的选择主要依据当地的流行病学，具体可参考医师的建议。

（6）**加强卫生管理**　定期进行环境的清理，保持幼犬生活环境的整洁，包括垫子、食盆及其他用具的清洁。同时，定期对犬舍进行消毒管理，也包括各种用具的消毒。消毒液要定期更换，避免微生物耐药性的产生。不建议两种或两种以上的消毒液同时使用，防止有效成分之间的干扰。

（7）**美容护理**　定期进行美容护理，包括局部护理和洗澡修剪。注意，驱虫或注射疫苗前后一周内不要进行洗澡，防止应激和感染的发生。

6. 犬的防疫管理

犬的防疫时间见表 3-2。

表 3-2 犬的防疫时间

驱虫	体内	20 日龄开始，之后每月 1 次
	体外	20 日龄开始，之后每月 1 次
免疫	传染病	6 周龄左右，之后每年 1 次
	狂犬病	与传染病最后一针同天注射，之后每年 1 次

任务3-2
成年犬饲喂方案制定及执行

 知识目标

1. 能归纳总结成年犬的生理特点、营养需要。
2. 能够描述成年犬的饲喂要点及日常管理要点。

 能力目标

1. 能够为成年犬制定科学的饲喂方案。
2. 能够正确执行制定好的饲喂方案。

 素质目标

1. 通过制定、执行及调整方案，习得分析问题、解决问题的综合思维方式。
2. 通过方案执行，提升岗位执行能力及分工协作能力。

 任务准备

① 每组准备 1 只健康成年犬；如无实训条件，可参照任务 3-2 实施单中犬只信息。
② 归纳总结成年犬的生理特点、营养需要、饲喂以及日常管理要点。

 任务实施

① 确定成年犬饲喂管理中的各个环节及先后顺序。
② 落实各环节的具体操作及注意事项。
③ 回顾成年犬的生理特点、营养需要、饲喂以及日常管理要点，确定饲喂方案的合理性。
④ 执行（模拟执行）饲喂方案：如实训条件允许，请执行制定的饲喂方案，如无可实施条件，可模拟执行饲喂方案。

 任务结果

① 执行（模拟执行）饲喂方案至少 3 次。
② 对在执行（模拟执行）过程中发现的问题，进行总结分析，调整形成最终饲喂方案。
③ 将任务实施过程及任务总结填写在任务 3-2 实施单。

任务评价

任务评价见任务 3-2 考核单。

任务资讯

1. 成年期的划分

成年期按照大、中、小型犬体重划分（参照 GB/T 31216—2014），见表 3-3。

表 3-3　成年期时间划分

成年时体重 /kg	成年期 / 月龄	成年时体重 /kg	成年期 / 月龄
≤ 5	≥ 9	20～40	≥ 18
5～20	≥ 12	≥ 40	≥ 21

2. 成年犬的生理特点、营养需要

（1）**生理特点**　成年犬身体增长减慢，身体发育成熟，各项生理功能达到正常水平，出现发情、配种、妊娠和哺乳等一系列问题。

（2）**营养需要**　成年犬需要饲喂全价平衡日粮，营养应满足产热、运动并维持新陈代谢等需要。

3. 成年犬的饲喂与日常管理要点

（1）**饲喂要点**　选择合适的犬粮，由幼犬粮过渡到成年犬粮时要选择合适的换粮方法。饲喂时，常采用定时定量的饲喂方式，将一日的采食量分 2～3 次进行饲喂，常置饮水且饮水要保证清洁卫生。

科学遛犬

（2）**适当运动**　如果犬大部分时间生活在室外，并有足够空间运动，这样的环境无需特别强调运动量。若犬主要在室内饲养，则需适当运动。成年犬体重 5kg 之内，室内活动即可；成年犬体重 5～10kg，每日需步行 15min 以上；成年犬体重 10～15kg，每日需步行 30min 以上；成年犬体重 20kg 左右，每日需步行 60min 以上；成年犬体重 25kg 以上，每日需步行 120min 以上。成年犬运动需每日进行，不可经常间断，不可突然大量运动。

（3）**驱虫和预防接种**　按时做好驱虫和免疫工作。

（4）**排便问题**　外出遛犬排便的时间最好固定，这样可以让犬养成良好的排便习惯，减轻卫生清洁工作的负担，也可以训练犬在室内固定地点排便。

（5）**卫生管理**　犬舍及犬所使用的用具均需定期进行卫生清扫和消毒工作。

（6）**四季管理**　除日常一般性管理之外，在不同的天气状况下需要特殊考虑，如夏季防暑，冬季防寒。

春季是犬发情、交配、繁殖和换毛的季节，也是病原微生物和寄生虫繁殖的季节。需加强看管发情犬；勤梳理被毛，将脱落的毛烧掉，洗澡不宜过勤；饲喂适量易消化的饲料；对运动场彻底清扫消毒；加强驱虫和防疫。

夏季气温较高，是蚊虫滋生的季节。要防暑降温，需通风、遮阴、调整户外运动时间；防潮湿，勤换、勤晒垫褥等铺垫物，用水冲洗犬舍后，晾干后方可让犬进入，被雨水淋湿后要及时擦干；定期药浴，防止跳蚤、虱子、蚊蝇滋生；避免食物中毒，喂量适当、食物新鲜、食具彻底清洗消毒。

秋季也是犬发情、交配、繁殖和换毛的季节，需加强看管发情犬；及时梳理和清洁被毛，促进冬毛生长；昼夜温差大，做好犬舍的保温工作，防感冒；增加喂食量，提高饮食质

量，增加体脂储备准备过冬。

冬季气温寒冷，属于呼吸道和风湿病高发季节。做好防寒保暖，犬舍向阳背风、垫褥加厚、防贼风；晴天通风换气，保持空气新鲜，减少有害气体，预防呼吸道疾病；增强体质，提高抗病力；适当户外运动、日光浴，日粮中增加高热量的食物。

（7）美容护理 家庭养犬建议每日梳理，尽量保证每周至少梳理1次。建议定期为犬进行趾甲修剪、耳道清理、眼睛清理、脚底毛和肛周毛的清理及口腔护理。

4. 空怀母犬的饲养管理

（1）空怀母犬的营养需要 当母犬性成熟，已能进行配种，但尚未妊娠者，一般称为空怀母犬。当母犬的哺乳任务完成后进入一个相对休闲状态，其营养供给可保持维持状态的水平。在母犬到达配种期之前，应逐渐加强营养，使其体况良好，以保证正常发情、排卵和妊娠。

（2）空怀母犬的饲养管理 通常哺乳后的母犬，体况会有所下降，呈现消瘦状态，应选择营养较为全面的饲料进行饲喂，同时适当增加饲喂量。当犬的体况恢复之后，再用正常量进行饲喂。如果在哺乳期间提供的营养过剩，使母犬在哺乳结束后体况处于偏肥状态，则应考虑逐渐减少饲料的供给量，使母犬的体况迅速恢复到正常状态，顺利过渡到下一个繁殖周期。如果在哺乳期结束之后母犬的体况较为正常，则可以按正常量进行饲喂，以保持其个体维持的需要。需要特别注意与繁殖性能关系密切的营养元素的供给量，如蛋白质、脂肪、钙和磷、硒、维生素A、维生素D、维生素E等。一般来说，此阶段的母犬对饲料的类型并不挑剔，只要适口性好即可，每日的饲喂次数建议2~3次。

空怀母犬应有充足的运动，保持犬舍清洁卫生，随时清理犬的粪尿污物，定期用水冲刷；保证犬舍干燥、足够的日光浴及良好通风；定期消毒，一般每月消毒1次，犬群密度较大时，应适当增加消毒次数，传染病流行期应随时消毒，做好空怀母犬的卫生管理工作；每天梳刷被毛，保持清洁卫生，特别注意清理臀部、腹部、尾部等。建议每周给犬洗澡1次；定期进行体内外驱虫，防止体内外寄生虫和皮肤病对犬的危害；要注意卫生死角的清理和消毒工作；犬活动场所一定要注意随时清理异物，如腐败食品、砖头瓦块等，防止犬随地捡食、造成不必要的伤害。

（3）发情交配期母犬的饲养管理 除采取空怀母犬的管理措施外，还需注意观察母犬的食欲。母犬在发情期，其食欲一般都会有变化，呈现食欲下降的趋势，一次的摄食量会相对减少。在饲养过程中，可根据其摄食量的变化适当增加饲喂次数，以保证机体的维持需要。同时，注意犬舍卫生，并注意观察掌握母犬的发情状况。母犬在发情过程中其生殖系统的抗病能力相对减弱，极易受到感染，应注意犬舍的清洁干净，同时保持犬舍处于相对干燥的状态。在母犬发情过程中，要注意观察母犬的发情变化，记录整个发情状况，以便把握准确的交配时间。对发情异常的母犬应请有关专业技术人员及时诊治，防止发生意外交配。在犬交配时，要在现场看护，遇到特殊情况及时处理。同时，做好交配记录，合理使用人工辅助交配手段。

5. 种公犬的饲养管理

（1）种公犬的生理特点 种公犬要常年保持健康、活泼、性欲旺盛、精力充沛、配种能力强、繁殖性能良好。

（2）种公犬的营养需要 合理的营养是饲养好种公犬的关键。犬的配种多发生在春、秋两季,因而犬的饲养也可根据配种季节和非配种季节来划分。在配种频繁的季节,要根据种公犬的营养状况和饲养标准合理地配制日粮,以保证旺盛的配种能力。一般种公犬的能量需要是在维持需要基础上增加20%,蛋白质和氨基酸的需要量与妊娠母犬相同。种公犬对蛋白质的质量和数量要求很高,长期饲喂单一来源的蛋白质饲料,会引起某些氨基酸的供给量不足而造成精液品质下降,如精氨酸直接参与精子的形成,一般的植物性蛋白质饲料中精氨酸的含量又较低,所以饲料要求多样搭配,适口性要好。另外,在饲养中应注意,种公犬对能量饲料的需要也有一定限制,能量饲料供给过多,犬会变得肥胖,从而影响犬的性欲和精液的品质;而能量供给过少,会使犬过瘦,射精量减少,受胎率下降。

钙、磷、硒等矿物质对精液品质的影响较大。钙、磷不足或缺乏时,会使精子发育不全,活力下降,死精子数增多。种公犬的饲料中钙、磷比例一般应为(1.2～1.4):1,其中钙占干物质重的1.1%,磷占0.99%,锰为每天每千克体重0.11mg。另外,应在饲料中添加一定量的食盐以增强饲料的适口性,提高犬的食欲。维生素A、维生素D、维生素E对精液品质也有一定影响,长期缺乏维生素A会使种公犬的睾丸发生肿胀或萎缩,精子产生减少,活力下降,甚至使公犬失去配种能力。维生素E缺乏,会引起睾丸功能下降或退化。维生素D缺乏,会通过对钙、磷代谢的影响而间接影响精液品质。因此,种公犬应在每千克日粮中添加维生素A 110mg、维生素E 50mg、维生素D 500mg。

(3)种公犬的饲养管理 在饲养方式上,对配种任务重的种公犬可采取"一贯加强饲养"法,即一直保持较高的营养水平,对配种任务轻的种公犬可采取配种季节"配种期加强饲养"法,保持种公犬健康的体魄、旺盛的性欲、良好的配种能力及配种效果。饲喂应做到定时、定量、定温、定质,每次不宜过饱,日粮的容积也不宜过大,以免造成垂腹大肚现象,影响配种进行。种公犬应单独饲养在阳光充足、通风良好的犬舍内。种公犬饲养区应远离母犬饲养区,这样可使公犬安静,减少外界干扰,有利于休息,有利于增加种公犬的食欲。

运动是加强种公犬机体新陈代谢、锻炼神经系统和肌肉的重要措施。要保证有足够的运动量,以增加食欲、帮助消化、增强体质、提高繁殖功能。建议每天运动2～3次,每次不少于1h,可采取剧烈运动和自由运动相结合的方式进行。夏天应在早晨和傍晚进行运动;冬季在上午10点至下午2点以前运动;在严冬季节应减少运动量,以降低能量消耗。在配种前后严禁剧烈运动。

定期称重掌握种公犬的营养状况。后备种公犬的体重增长应逐渐增加,不宜过肥或过瘦。成年种公犬的体重要长期保持恒定,上下浮动不能超过5%。

经常刷拭种公犬身体,可促进犬机体的血液循环,增加食欲,促进饲养员与犬之间的感情交流,有利于协助种公犬交配和采精,并且还可以防止皮肤病和体外寄生虫病的发生。特别要注意其生殖器官的保健护理,保持阴茎、睾丸和肛门周围的清洁卫生,以防感染疾病。每次交配前后均应用温水清洗或用热毛巾擦拭生殖器官和肛门。

种公犬的初配年龄最好控制在完全发育成熟时,初配年龄为2岁,每周配1次为宜,年配种控制15头次以内。种公犬的利用年限一般不超过6岁,特别优秀的种公犬可适当延迟。配种后要增加高蛋白质食物。

6. 换粮方法

换粮方法见表3-4。

表 3-4　换粮方法

换粮方法	新粮　　旧粮			
	25%	50%	75%	100%
七日换粮法	第 1～2 天	第 3～4 天	第 5～6 天	第 7 天
十日换粮法	第 1～2 天	第 3～6 天	第 7～9 天	第 10 天

任务 3-3

老年犬饲喂方案制定及执行

知识目标

1. 能归纳总结老年犬的生理特点、营养需要。
2. 能够描述老年犬的饲喂要点及日常管理要点。

能力目标

1. 能够为老年犬制定科学的饲喂方案。
2. 能够正确执行制定好的饲喂方案。

素质目标

1. 通过制定、执行及调整方案,习得分析问题、解决问题的综合思维方式。
2. 通过方案执行,提升岗位执行能力及分工协作能力。

任务准备

① 每组准备 1 只健康老年犬;如无实训条件,可参照任务 3-3 实施单中犬只信息。
② 归纳总结老年犬的生理特点、营养需要、饲喂以及日常管理要点。

任务实施

① 确定老年犬饲喂管理中的各个环节及先后顺序。
② 落实各环节的具体操作及注意事项。
③ 回顾老年犬的生理特点、营养需要、饲喂以及日常管理要点,确定饲喂方案的合理性。
④ 执行(模拟执行)饲喂方案:如实训条件允许,请执行制定的饲喂方案;如无可实施条件,可模拟执行饲喂方案。

任务结果

① 执行(模拟执行)饲喂方案至少 3 次。
② 对在执行(模拟执行)过程中发现的问题,进行总结分析,调整形成最终饲喂方案。
③ 将任务实施过程及任务总结填写在任务 3-3 实施单。

任务评价

任务评价见任务 3-3 考核单。

任务资讯

1. 老年犬的时间划分

与成年期一样，犬进入老年期的过程不是突然发生的，而是在不知不觉中身体逐渐发生着不同程度的变化而人为定义成老年期，这样更加方便进行饲喂和管理。一般犬7～8岁进入老年期，但小型犬进入老年期的时间通常要晚于大型犬。

2. 老年犬的生理特点、营养需要

衰老是一个包括生理、代谢和行为变化在内的渐进过程，其特征是功能减退。衰老不是一个病理过程，但会影响某些疾病的发生，特别是癌症、慢性肾功能衰竭和心脏病。

（1）生理特点

① 外貌变化：被毛变得粗糙、无光泽，毛色变浅，脱毛，嘴周长出白毛。皮肤出现褶皱、粗糙、弹性减弱、松弛。眼睑下垂、眼窝脂肪消失引起眼球凹陷。体高、体长、体重下降。

② 机体组成变化：机体水分减少、细胞数量减少、脂肪组织增加、肌肉组织减少。

③ 功能变化：储备能力下降，各种功能减退，适应能力减弱，免疫功能低下。

④ 代谢变化：基础代谢总体下降；糖代谢障碍率升高，糖尿病发生率上升，耐糖量下降；总胆固醇含量上升；蛋白质总浓度不变，蛋白质储存下降，受侵袭时蛋白质合成功能迟钝；血清中钠逐渐增加，钙代谢异常，钙从骨组织转移到其他组织。

（2）营养需要 老年犬活动量下降导致能量需求下降20%～50%，存在肥胖倾向；蛋白质分解和吸收能力增强、合成能力下降导致蛋白质需求量增加，需优质且易消化的蛋白质；老年犬需适量补充钙，纤维素的补充要低于成年犬时期。

3. 老年犬的饲喂与日常管理要点

（1）饲喂要点 使用合适的方法将成犬粮更换成易消化的老年犬犬粮，少食多餐，犬粮及其他食物不可过硬。常置饮水，要求水质干净。如果犬食欲较差，可以尝试做成流食或半流食来饲喂。

（2）适当运动 每天适当运动和光照，主要以散步为主，避免复杂、剧烈的运动形式。如环境允许，可采用自由散放的形式。

（3）驱虫和预防接种 老年犬也要进行驱虫和预防接种，但是在进行前要确保老年犬的健康，当有疾病或身体不适的情况发生时，听取宠物医生的意见。

（4）排便问题 保证规律的外出排便活动，注意观察犬的粪便和尿液情况，如有异常要及时就医。

（5）卫生管理 老年犬的卫生管理不可忽视，定期的卫生清扫和食盆等用具的清洗与消毒。

（6）四季管理 老年犬对温度的调节能力降低，冬天室外活动时间不宜过长，以防冻伤或感冒，夏天要注意防暑。

（7）美容护理 适当降低洗澡的频率，建议每月洗澡1次。坚持每天进行被毛梳理，动作要轻柔。其他局部护理视情况而定。

（8）加强关爱 为老年犬提供一个安静舒适的休息环境。老年犬视力、听力都已衰退，反应迟钝，最好以抚摸或手势指挥它，不要厉声呵斥。如果没有特殊情况，不要随意改变老

年犬的生活方式与生活规律。老年犬因为生理变化和免疫力减退，会比成年犬更易患病，因此要定期进行检查来确保健康状况。

4. 老年犬存在的危险因子

（1）**认知障碍** 老年犬会发生认知障碍，病因源自神经组织病理学和神经化学的变化，随着时间的推移，大脑由于脂肪含量很高而遭受更多氧化应激。可以进行营养干预，例如添加维生素E、维生素C、牛磺酸等抗氧化剂，添加长链Ω-3不饱和脂肪酸，添加乳酸或酮体替代的脑部能量来源。

（2）**退行性骨关节炎** 老年犬易发生退行性、慢性关节病。表现为不愿意行走、奔跑、爬楼梯、跳跃或玩耍。此类问题与犬的品种、年龄、肥胖程度、创伤史、发育性骨病密切相关。可以采取手术、物理复健等方式治疗，进行体重控制和锻炼。营养干预也是关键，可以添加关键营养素，例如Ω-3不饱和脂肪酸、L-肉碱、盐酸葡萄糖胺、硫酸软骨素等。

（3）**慢性肾病** 慢性肾病（CKD）和心血管疾病是导致老年动物死亡的主要原因。

（4）**心脏病** 老年犬易患心力衰竭。对患病犬实施正确的饲喂管理有助于延缓疾病发展。

老年犬的饲养管理

任务 3-4
幼猫饲喂方案制定及执行

🐾 知识目标

1. 能归纳总结仔猫和幼猫的生理特点、营养需要。
2. 能够描述仔猫和幼猫的饲喂要点及日常管理要点。

🐾 能力目标

1. 能够为仔猫和幼猫制定科学的饲喂方案。
2. 能够正确执行制定好的饲喂方案。

🐾 素质目标

1. 通过制定、执行及调整方案，习得分析问题、解决问题的综合思维方式。
2. 通过方案执行，提升岗位执行能力及分工协作能力。

任务准备

① 每组准备 1 只新生仔猫；如无实训条件，可参照任务 3-4 实施单中猫的信息。
② 每组准备 1 只幼猫，如无实训条件可参照任务 3-4 实施单中猫的信息。
③ 归纳总结仔猫的生理特点、营养需要、饲喂以及日常管理要点。
④ 归纳总结幼猫的生理特点、营养需要、饲喂以及日常管理要点。

任务实施

1. 为仔猫制定科学合理的饲喂方案

① 确定饲喂管理中的各个环节及先后顺序。
② 落实各环节的具体操作及注意事项。
③ 回顾仔猫的生理特点、营养需要、饲喂以及日常管理要点，确定饲喂方案的合理性。
④ 执行（模拟执行）饲喂方案：如实训条件允许，请执行制定的饲喂方案；如无可实施条件，可模拟执行饲喂方案。

2. 为幼猫制定科学合理的饲喂方案

① 分析幼猫现执行的饲喂方案，确定饲喂管理中的各个环节及先后顺序是否科学合理。
② 如存在问题，请调整现行的饲喂方案，落实各环节的具体操作及注意事项。
③ 回顾幼猫的生理特点、营养需要、饲喂以及日常管理要点，确定饲喂方案的合理性。

④ 执行（模拟执行）饲喂方案：如实训条件允许，请执行制定的饲喂方案；如无可实施条件，可模拟执行饲喂方案。如现行方案科学合理，按照现有方案执行。

任务结果

① 执行（模拟执行）饲喂方案至少 3 次。
② 对在执行（模拟执行）过程中发现的问题，进行总结分析，调整形成最终饲喂方案。
③ 将任务实施过程及任务总结填写在任务 3-4 实施单。

任务评价

任务评价见任务 3-4 考核单。

任务资讯

1. 幼猫的时间划分

GB/T 31217—2014 规定，12 月龄以下的猫为幼猫。一般，将从出生 0 天至断奶（8 周龄龄）这段时间的犬称为仔猫。

2. 仔猫的生理特点、营养需要

（1）**生理特点** 仔猫机体生长发育尚未完全，抵抗力弱，适应性差，生长发育迅速。

（2）**营养需要** 仔猫需提供充足洁净的饮水，孤猫每日至少应喂养液体 180mL/kg 体重；高品质、易消化的蛋白质，保证各种氨基酸的供给；丰富的脂肪，提供幼仔的脑、视网膜发育所需的脂肪酸；碳水化合物无明确需求。

3. 仔猫的饲喂与日常管理要点

（1）**做好记录** 按照出生先后进行编号、称重，之后每周评估 1 次体重（表 3-5）。

表 3-5 仔猫的体重变化

时间	体重 /g	时间	体重 /g
出生	90～120	3～4 周	3 倍
1～2 周	2 倍	每日体重增长	10～13

（2）**做好护理** 刚出生的仔猫身体较弱，为防止母猫挤压，要加强看护。

（3）**保证环境温度** 3 周龄以下的猫无法维持自身的体温，需准备加热板、热水袋等保暖设备，保持温度适宜。3 月龄以上的健康幼猫，不需要加热垫等保温措施，室温保持在 25℃左右。

（4）**仔猫的哺乳** 让仔猫尽早吃到初乳，使仔猫尽快从初乳中获得免疫力。仔猫初生时，消化器官不发达，食量小，在出生后的前 20 天内主要由母猫哺乳，20 天以后由于胃肠容积的增加，食量增多，可开始给仔猫喂食物，可喂宠物配方乳粉等。随着仔猫的生长，喂食量逐渐增加。

（5）**适时补饲，逐渐断乳** 当仔猫长到 5～6 周龄时，即可开始断奶。首先要增加补饲的数量，提高质量，蛋白质要占干物质的 35% 以上。同时减少喂乳次数，逐渐断奶，断奶不宜过快，断奶后要母仔分开。

（6）**卫生管理** 定期进行环境和用具的清洁与消毒。为防止护理时发生交叉感染，要求专人护理并佩戴手套。护理期间，护理人员不得接触其他传染性疾病的动物。

（7）**仔猫的防疫** 仔猫出生后6周龄左右开始驱虫，以后每月预防性驱虫一次。传染病的预防接种可以从8周龄开始。但具体时间还需要根据药品和医师的建议来定。

4. 幼猫的生理特点和营养需要

（1）**生理特点** 幼猫生长发育快，抵抗力差，这一时期猫可塑性最强，所以驯养幼猫应从这时开始，3~6月龄为最快速的生长期，10~12月龄体型达到成年。

（2）**营养需要** 4月龄前，需要能量密度高、淀粉含量少的食物；4月龄后，幼猫生长速度减慢，需要合适的脂肪含量（18%~35%DM），过度会引起肥胖；需要高质量、易消化的蛋白质，用来形成组织；科学的钙磷比例。

5. 幼猫的饲喂与日常管理要点

（1）**饲喂要点** 这一段时期幼猫生长发育加快，每天供给较多的、营养丰富的蛋白质、维生素、矿物质饲料。定量饲喂，并根据情况选择分餐或自由采食。若分餐进食，6月龄前每日3~4餐，6月龄后每日最少可分2餐。对于食用全价粮的幼猫不要再添加其他营养素。喂养自制口粮时要考虑钙质、牛磺酸、必需脂肪酸的补充。常置饮水。

（2）**适当运动** 散养猫可任其自由活动，笼养猫则需加强运动。运动时，可人为干预进行驯养，驯养幼猫时可用逗猫棒直接训练，或用小皮球等物品训练猫跑、跳。

（3）**幼猫的调教** 猫可以自己寻找猫砂上厕所，但对于不找猫砂的幼猫要尽早干预。另外，猫有磨爪的需求，可为其准备猫抓板等工具。

（4）**幼猫的驱虫和预防接种** 母猫喂养的幼猫，在8周开始进行免疫。免疫前完成驱虫工作。

（5）**加强卫生管理** 定期进行环境和用具的清理与消毒。保证饲养环境温暖、清洁、干燥。

（6）**美容护理** 定期进行美容护理。

6. 十周内幼猫的变化特点

幼猫十周内变化特点见表3-6。

表3-6 幼猫十周内的变化特点

周龄	变化特点
新生儿	双眼闭合，双耳合拢，无法站立；自行取暖和吸奶，一切依靠母猫
1周龄	对外界环境的反应增强；7日龄时，双耳不再合拢，眼睛开始睁开
2周龄	双眼完全睁开，踏出摇摇晃晃的第一步；与同伴互动，但仍需要母猫
3周龄	与同伴玩耍，活动更多，可区分性别；给予猫砂盆、湿粮
4周龄	步态稳固，体重增长迅速；与同伴、人类玩耍，还会玩玩具
5周龄	精力旺盛、生机勃勃；与人类互动尤为重要；开始有个性
6周龄	通过社会化、玩耍来证明自己；使用猫砂盆、自主进食猫粮；仍会找母猫要乳汁以及舒适环境
7周龄	基本断奶，会玩耍以及学习；社会化的重要举措是在室内饲养，让其接触新的人类和其他宠物
8周龄	更机灵，喜欢冒险；学习同伴、母猫、主人
9周龄	生长迅速，表现力强，像成年猫一样使用肢体语言
10周龄	彻底断奶，可以绝育；懂得与人类相处，可以转移到寄养家庭；成长快

任务 3-5

成年猫饲喂方案制定及执行

知识目标

1. 能归纳总结成年猫的生理特点、营养需要。
2. 能够描述成年猫的饲喂要点及日常管理要点。

能力目标

1. 能够为成年猫制定科学的饲喂方案。
2. 能够正确执行制定好的饲喂方案。

素质目标

1. 通过制定、执行及调整方案,习得分析问题、解决问题的综合思维方式。
2. 通过方案执行,提升岗位执行能力及分工协作能力。

任务准备

① 每组准备 1 只健康成年猫;如无实训条件,可参照任务 3-5 实施单中猫的信息。
② 归纳总结成年猫的生理特点、营养需要、饲喂以及日常管理要点。

任务实施

① 确定成年猫饲喂管理中的各个环节及先后顺序。
② 落实各环节的具体操作及注意事项。
③ 回顾成年猫的生理特点、营养需要、饲喂以及日常管理要点,确定饲喂方案的合理性。
④ 执行(模拟执行)饲喂方案:如实训条件允许,请执行制定的饲喂方案;如无可实施条件,可模拟执行饲喂方案。

任务结果

① 执行(模拟执行)饲喂方案至少 3 次。
② 对在执行(模拟执行)过程中发现的问题,进行总结分析,调整形成最终饲喂方案。
③ 将任务实施过程及任务总结填写在任务 3-5 实施单。

任务评价

任务评价见任务 3-5 考核单。

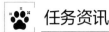任务资讯

1. 成年猫的时间划分
GB/T 31217—2014 规定，12 月龄以上的猫为成年猫，但妊娠期和哺乳期除外。

2. 成年猫的生理特点、营养需要
（1）**生理特点**　成年猫身高体重达到标准，各项器官和功能已发育完全，达到了性成熟和体成熟。

（2）**营养需要**　成年猫需提供全价平衡日粮，营养应满足产热、运动并维持新陈代谢等需要。需有动物性蛋白，需要牛磺酸；适当的纤维素（1%～5%DM），有助于胃肠功能；科学的钙磷比等。

3. 成年猫的饲养管理
（1）**饲喂要点**　选择合适的猫粮，由幼猫粮过渡到成年猫粮时要选择合适的换粮方法。常置并鼓励饮水。充足的饮水可以帮助猫预防某些泌尿道疾病，同时可以降低结石的发生概率。针对猫的饮水习惯，可参考以下方法增加其饮水量。第一，增加饮水器具，在饲养猫的环境中尽可能多放置饮水器具。第二，流动的水可能会增加猫的饮水兴趣。第三，使用含水量较大的日粮例如湿粮进行饲喂。另外，水要保证清洁卫生。

（2）**适当运动**　室内猫以散养的方式为主，给予其充足的运动量。

（3）**驱虫和预防接种**　按时做好驱虫和预防接种工作。

（4）**排便问题**　为了使猫能养成良好的生活习惯，需要及时清理猫砂。若猫砂盆过脏，可能会使猫不爱使用猫砂而到处乱拉乱尿。

（5）**卫生管理**　定期进行卫生清理和消毒。猫经常休息或使用的用具会粘有很多毛发，需经常清理。

（6）**美容护理**　一般情况下，建议半个月到一个月洗护一次，在使用专业洗护产品的前提下可以适当增加洗护频率。

（7）**毛球处理**　由于猫有舔毛的习惯，因此其肠道内会有大量的毛发，若不能及时排出会引发毛球病。通过在日粮中添加富含纤维的食物来促进肠胃蠕动，达到排出体内毛球的目的，如猫草、化毛膏等。

4. 不同饲喂方式的比较
不同饲喂方式比较见表 3-7。

表 3-7　不同饲喂方式的比较

喂食方式	优势	缺点	食物类型
自由采食	便利 符合自然采食习惯	肥胖风险高 难以监测食欲和进食量	干粮 半湿粮
分餐进食	增强人与猫之间的依赖性 有利于监测食欲和进食量 有利于控制饮食	便利性较低 特殊状态需要多次喂食（妊娠、哺乳、幼年）	干粮 半湿粮 湿粮
混合型	增强人与猫之间的依赖性	对尿液 pH 的影响不固定	干粮 半湿粮 湿粮

宠物不同饲喂方式的比较

5. 种公猫的饲养管理

种公猫常年均应具备良好的营养水平,保持健康的体况。饲养管理的好坏直接影响种公猫配种性能和精液品质,而且影响母猫的受胎率、胎产仔数和仔猫成活率。因此,对于配种期公猫,要求饲料体积小、质量高、适口性好、易消化,并含有足够的蛋白质及维生素A、维生素D、维生素E、B族维生素和矿物质,除早、晚2次饲喂外,中午应加餐1次,可适当增加蛋白质,以提高精液品质。

在非配种期,减少脂肪类饲料,在满足种公猫的营养需要的同时保持好的体质,这样才有利于生殖器官的迅速发育和产生品质优良的精液。另外,食具及时清洁。

任务3-6
老年猫饲喂方案制定及执行

🏠 知识目标
1. 能归纳总结老年猫的生理特点、营养需要。
2. 能够描述老年猫的饲喂要点及日常管理要点。

🏠 能力目标
1. 能够为老年猫制定科学的饲喂方案。
2. 能够正确执行制定好的饲喂方案。

🏠 素质目标
1. 通过制定、执行及调整方案，习得分析问题、解决问题的综合思维方式。
2. 通过方案执行，提升岗位执行能力及分工协作能力。

任务准备
① 每组准备1只健康老年猫；如无实训条件，可参照任务3-6实施单中猫的信息。
② 归纳总结老年猫的生理特点、营养需要、饲喂以及日常管理要点。

任务实施
① 确定老年猫饲喂管理中的各个环节及先后顺序。
② 落实各环节的具体操作及注意事项。
③ 回顾老年猫的生理特点、营养需要、饲喂以及日常管理要点，确定饲喂方案的合理性。
④ 执行（模拟执行）饲喂方案。如实训条件允许，请执行制定的饲喂方案；如无可实施条件，可模拟执行饲喂方案。

🐾 任务结果
① 执行（模拟执行）饲喂方案至少3次。
② 对在执行（模拟执行）过程中发现的问题，进行总结分析，调整形成最终饲喂方案。
③ 将任务实施过程及任务总结填写在任务3-6实施单中。

任务评价
任务评价见任务3-6考核单。

任务资讯

1. 老年猫的时间划分

猫的寿命一般都较长,随着医疗水平和宠物护理意识的提升,大多数猫都活到12岁以上,一般猫在7岁时开始进入老年期。

2. 老年猫的生理特点、营养需要

(1) **生理特点**　约有33%老年猫消化脂肪的能力下降;14岁以上的猫,存在消化蛋白的能力下降;存在体重下降,脂肪组织和肌肉组织含量丢失;存在肥胖和消瘦风险;更容易生病和生理性应激,如果反应能力下降,会特别脆弱。提供高质量的蛋白质,既要维持机体对必需氨基酸的需求,也要尽量减少脂肪外组织的丢失。

(2) **营养需要**　老年猫需供给充足的水分,而且尽可能鼓励饮水;蛋白质需求25%~30%DM,增加适口性;纤维素需求推荐量为小于5%,促进肠道蠕动;脂肪代谢能力下降,建议提供中等量(10%~25%DM),对于高脂食物会表现脂肪腹泻;提供合适的矿物质和抗氧化剂补充。

3. 老年猫的饲养管理

(1) **饲喂要点**　对新鲜食物的兴趣下降,需要适口性极高的食物。饲料质量要高,其中包括高质量的蛋白质、足够的脂肪、充足的无机盐和维生素。饲料要易消化,并且要少食多餐。留意每日进食状态和进食量,可以选择自动喂食器。多猫环境,最好单独饲喂。由于老年猫容易出现脱水现象,应给予足够的饮水,推荐湿粮,可以增加水分摄入。

(2) **适当运动**　老年猫的肌肉和关节的配合及神经的控制协调功能会明显下降,骨骼也变得脆弱,不能让它们做一些高难度动作,以免因剧烈运动而导致肌肉拉伤或骨折等。

(3) **驱虫和预防接种**　在猫健康状态下,要定期进行驱虫和预防接种。

(4) **排便问题**　及时清理猫砂的同时,注意观察猫的粪便和尿液的状态,如有异常及时就医。

(5) **卫生管理**　老年猫的居住环境和日常用具要定期清理并消毒。

(6) **四季管理**　夏季防暑,冬季防寒。

(7) **美容护理**　定期进行美容护理,注意在猫生病或有异样时不要强行洗澡,经常梳毛可以促进皮肤的血液循环,同时增加与猫的互动与关爱。

(8) **加强关爱**　老年猫易得病,平时要注意观察猫的各种行为,发现异常及时治疗。

4. 老年猫生病期的饲养

老年猫因为生理变化和免疫力减退,会比成年猫更易患病,正确科学的饲养管理,对于生病期的老年猫尤其重要。

(1) **环境要求**　猫生病后身体很虚弱,因而要尽可能减少活动,应将病猫安置在温暖(或凉爽)、安静的地方,让猫充分休息,减少消耗,保持体力,增强对疾病的抵抗力。

(2) **饮食要求**　病猫的饮食护理很重要,猫生病时多数情况都要影响消化功能,表现为食欲明显减退,甚至不吃不喝,还可能出现呕吐、腹泻等症状。若不及时补充营养物质,特别是饮水,可导致机体一系列功能的紊乱、酸中毒、心力衰竭等现象,严重时可引起死亡。因此,应加强对病猫的饮食护理。首先,要供给充足的饮水,以维持体内水合状态。病猫食欲不好,并不是食物不合口味,而是由于疾病的影响引起食欲中枢抑制的结果,即使猫平时

最喜欢吃的东西，这时也会变得平淡无味。只有疾病得到治疗，食欲才会逐渐恢复。在积极治疗的同时，可给猫少量的适口性好的食物，以刺激食欲。对患有消化系统疾病的猫，应给予容易消化的湿粮等。

（3）**护理要求**　由于病猫体力大量消耗，变得精神不振，行动迟缓，懒散喜卧，不能整理自己的被毛，显得被毛脏乱、眼屎增多等。病情严重者，便溺不能入盆，造成环境和被毛的污染。此时要加强护理，认真梳理被毛，促进皮肤的血液循环。对被粪便玷污的被毛，要及时清洗干净。对猫窝和猫的用具要勤消毒。

任务3-7

特殊时期宠物的饲喂方案制定及执行

知识目标

1. 能归纳总结特殊时期宠物的生理特点、营养需要。
2. 能阐述特殊时期宠物的饲喂要点及日常管理要点。

能力目标

1. 能够为特殊时期宠物制定科学的饲喂方案。
2. 能够正确执行制定好的饲喂方案。

素质目标

1. 通过制定、执行及调整方案,习得分析问题、解决问题的综合思维方式。
2. 通过方案执行,提升岗位执行能力及分工协作能力。

任务准备

① 每组准备妊娠期和哺乳期宠物各1只;如无实训条件,可参照任务3-7实施单宠物的信息。
② 每组准备孤犬或孤猫1只;如无实训条件,可参照任务3-7实施单宠物的信息。
③ 归纳总结妊娠期和哺乳期宠物的生理特点、营养需要、饲喂以及日常管理要点。

任务实施

为特殊时期宠物(可小组自选某一个特殊时期或由任课教师根据实际情况指定)制定科学合理的饲喂方案,方案要详细具体。
① 确定妊娠期和哺乳期宠物饲喂管理中的各个环节及先后顺序。
② 确定孤犬或孤猫饲喂管理中的各个环节及先后顺序。
③ 落实各环节的具体操作及注意事项。
④ 回顾妊娠期和哺乳期宠物的生理特点、营养需要、饲喂以及日常管理要点,确定饲喂方案的合理性。
⑤ 执行(模拟执行)饲喂方案:如实训条件允许,请执行制定的饲喂方案;如无可实施条件,可模拟执行饲喂方案。

任务结果

① 执行(模拟执行)饲喂方案至少3次。

② 对在执行（模拟执行）过程中发现的问题，进行总结分析，调整形成最终饲喂方案。
③ 将任务实施过程及任务总结填写在任务 3-7 实施单。

 任务评价

任务评价见任务 3-7 考核单。

 任务资讯

1. 妊娠期宠物的科学饲养

（1）犬妊娠期的饲养管理

① 妊娠期的划分：母犬的妊娠期为 63 天左右，根据胎儿的发育情况，划分为妊娠初期（妊娠后的 1～3 周）、妊娠中期（妊娠后的 4～6 周）、妊娠后期（妊娠后的 7～9 周）3 个时期。

② 不同时期营养需要特点：母犬妊娠期，由于胚胎摄取营养、胚盘和胚胎本身产生的各种生理变化导致母犬体内发生了一系列的生理变化。为满足母犬本身和胎儿的需要，首先应根据胎儿不同的发育阶段和母犬身体状况，增加营养，饲喂优质饲料，保证胎儿的发育、机体健康及泌乳的需要。

a. 妊娠初期：此期胎儿较小，绝对增长量小，所以母犬所需营养与正常犬相似，一般不需要添加特别的饲料。但由于此期母犬刚刚妊娠，常伴有妊娠反应，所以饲料的适口性要好，营养丰富且易消化。

b. 妊娠中期：此期胎儿的生长发育加快，因而各种营养物质的需要量增加。此期的饲喂量可逐渐增至原来的 125%。

c. 妊娠后期：此期胎儿对营养物质需要比先前增加更多，母犬的日粮应逐渐增加到妊娠初期的 125%～150%。在日粮配制时，注意饲料的多样化，并注意钙、磷、锌等元素的补充，以及维生素的添加。此期的能量饲料不宜过多，以防流产或母犬肥胖而难产。

③ 管理要点

a. 饮食需求：妊娠母犬的饲养除供给全价的日粮外，还要注重食品的卫生和保证食品的质量。发霉、腐败、变质、带有毒性和刺激性的饲料不可饲喂，否则容易引起流产。饲料不能频繁变更，饲料的体积不宜过大。由于胃容积太大易压迫胎儿引起流产，应少量多餐，每日喂 3～4 次。食物温度要恒定，一般为 25℃ 左右，冷凉的食物和饮水可能会导致流产。

b. 饲养方式要求：妊娠母犬的饲养方式可根据母犬的体况，采取不同的方式。对体瘦的经产母犬，采取"抓两头顾中间"的饲养方式，即在配种前的 1 个月和妊娠的后 1 个月，饲喂适口性好的高蛋白质全价饲料。对初产母犬，可采取"步步登高"的饲养方式，即随着妊娠的进程，逐步提高母犬的营养水平，以适应母犬和胚胎生长发育的需要。对体况良好的经产母犬，应采用"前粗后精"的饲养方式，即到 30 天后再提高营养水平。对一般体况的母犬，可采取"关键时期（配种前、胚胎迅速分化时、妊娠后期）加强饲养"的方式。

c. 日常管理要求：妊娠犬舍要宽敞、清洁、干燥、安静，并且光线充足，空气新鲜、温度适宜。在妊娠期间，妊娠母犬应做适当运动，以促进母体胎儿的血液循环，增强新陈代谢，并且有利于胎儿保持正常的胎位，以便顺利分娩；建议每天室外活动至少 4 次，每次不少于 30min，但应避免剧烈运动，运动时要保护好妊娠母犬的腹部，避免碰撞，引起流产。运动后避免大量饮水、饲喂。经常刷拭妊娠母犬的皮毛，乳房要经常用温水擦洗。整个妊娠期要防止母犬感冒和生病，若母犬患病，应积极治疗，切勿乱投药，以免引起流产或胎儿畸形。

d. 生产前准备：母犬产前1周左右，做好产前检查，将母犬转入产室，并单独饲喂，以熟悉环境。产室内应有产床或产箱，地面应防滑；冬季要有防寒保暖设施，夏季要有防暑降温设备。进入产室前，产室要进行彻底消毒，母犬也要进行全身擦洗和消毒，特别是臀部、阴部和乳房周围要重点擦洗和消毒，并保持卫生。被毛长而浓密的犬种，上述部位应将毛剪掉，否则会影响分娩和仔犬吸乳。分娩前要准备剪刀、卫生纸、纱布、脱脂棉、注射器、脸盆、热水、毛巾、缝合线、消毒用的75%酒精及碘酊、催产药、止血药等。发现难产或异常情况，及时采取助产措施；如果助产有困难，及时就医。

(2) 猫妊娠期的饲养管理

① 妊娠期的划分：猫的妊娠期为63～66天，根据胎儿的发育情况，划分为妊娠初期（5周内）、妊娠中期（妊娠后的35～45天）、妊娠后期（45天～生产）3个时期。

② 不同时期营养需要特点

a. 营养需求：妊娠期间，母猫除了维持自身生命活动所需还要供给胎儿生长发育所需要的营养，因而要加强母猫的营养。猫妊娠初期体重增加，为怀孕和泌乳做能量储备。每日能量需求为90～100kcal/(kg·d)。妊娠2周到分娩期间，需要逐渐增加饲喂量。妊娠期间体重应该增加25%～50%。

b. 饲养方式要求：妊娠初期（5周内）可每日喂3次；妊娠后期胎儿生长发育迅速，更应注意给母猫提供充足、全面的营养，妊娠后期（45天～生产）可日喂4次。妊娠期推荐限制总量的自由采食。在加强营养物质供给的同时，亦应注意防止营养物质供给过多，特别是碳水化合物和脂肪供给不宜过多，以免母猫和胎儿过于肥胖造成难产。

c. 日常管理要求：母猫怀孕后，会变得小心谨慎、动作缓慢、活动减少、常喜欢安静地躺卧休息。应让妊娠母猫适当运动，运动不足会导致全身肌肉张力减退、肌肉松弛、收缩力减弱，子宫肌的张力和收缩力也均减弱，这些均是造成分娩时阵缩、努责微弱，引发产力不足性难产的重要原因之一。另外，应加强对妊娠母猫的饲养管理，防止母猫惊吓和剧烈运动，保证妊娠母猫的休息。孕猫舍要宽敞、清洁、干燥、安静，并且光线充足、空气新鲜、温度适宜。

d. 生产前准备：让临产前的母猫在产前7～10天进入产箱，并单独饲喂，以熟悉和适应产箱、产窝，使母猫对产箱、产窝及其周围环境产生安全感。进入产箱前，产箱要进行彻底消毒，母猫也要进行全身擦洗和消毒，特别是臀部、阴部和乳房周围要重点擦洗和消毒，并保持卫生。被毛长而浓密的猫，上述部位应将毛剪掉，否则会影响分娩和仔猫吸乳。产室冬季要有防寒保暖设施，夏季要有防暑降温设备。

2. 哺乳期宠物的科学饲养

(1) 犬哺乳期的饲养管理

① 营养需求：母犬产仔后便进入哺乳期。母犬身体虚弱，各器官功能处于恢复期。仔犬在10日龄之前，它们自身的营养需要全部来自母犬，因此，母犬所摄取的营养物质除维持自身的需要外，还要为仔犬提供大量的乳汁。泌乳高峰期，在分娩后5～6周，能力需求为2.5～3倍的代谢能。给母犬使用全价、均衡、高能量和易消化的商品粮。

② 饲养方式要求：每天饲喂3～4次，少食多餐，以利于各器官功能的恢复。饲喂次数

以后逐渐减少,产后 3 天饲喂量仅占妊娠后期的 1/3 左右。3~5 天饲喂妊娠后期的 2/3 量,5~8 天饲喂妊娠后期的 3/4 量,9 天以后饲喂量逐渐恢复正常,并逐渐增加,到 14 天时可增加 1 倍,到第 3 周时,可增加到 2~3 倍。饲喂时,可让其自由采食。哺乳期母犬的需水量较大,应注意供给充足的清洁饮水。

③ 日常管理要求:定期对产房进行消毒、清扫,并使其通风良好、温度适宜、干燥清洁;保持犬舍安静,防止外界干扰,做好母犬的卫生保健工作;适量的运动可促进母犬的健康,并促进泌乳,外界气温适宜时,可使母犬带领仔犬到户外活动,每日至少 2 次,每次 0.5~1h,但防止母犬剧烈运动;母犬难产或存在人工助产操作不当等,会使母犬发生子宫炎症,如分娩 1 周后仍可看到母犬阴门流出血样黏液,量大而有腥臭味,很可能是胎衣部分未下或子宫内膜损伤严重,若不及时治疗会影响母犬的下一个繁殖周期,甚至绝育,所以此时应积极治疗。

(2) 猫哺乳期的饲养管理 母猫在产后由于体力消耗较大,使用全价、均衡、高能量和易消化的商品粮,保证充足的饮水。管理上要做好卫生、消毒工作,注意仔猫的保温和安全。妊娠和泌乳期推荐自由采食。分娩后 7~8 周,母猫体重恢复正常。

3. 孤犬、孤猫的饲养管理

当在某些特殊情况下,母猫或母犬无法照顾幼崽和喂奶时,幼崽便成了孤猫或孤犬。这种脱离照顾的幼崽如果不能得到科学管理,成活的概率很小。因此,要尽可能地为其寻找保姆猫或保姆犬,另外还要让其及时吃到初乳。如果条件不允许,则需要人为进行饲养。

(1) 孤犬的饲养管理 首先解决母乳替代品,建议选择商品配方乳制品,营养含量及能量密度与母乳类似,直接使用羊乳或牛乳不能满足孤犬生长发育需求。将乳粉用水冲调并加温到 37℃,然后用奶瓶饲喂,如果幼犬拒绝吸奶,则使用饲管饲喂。建议在最初的一周里每 3h 饲喂一次。

(2) 孤猫的饲养管理 建议选择商品配方乳制品,1 周龄内每餐饲喂 10~15mL,每日至少喂食 4 次,孤猫每日至少应喂养液体 180mL/kg,吮吸功能差选用饲管(5~8 号),每次饲喂 2~3min 内完成,注意如发生反流应及时撤出。皮下注射血清。帮助孤猫排便排尿直到其 2~3 周龄后形成反射,在幼猫采食后,用柔软、湿润、温暖的棉布刺激会阴部,模仿母亲的行为来刺激排尿和排便。用奶瓶饲喂经常会有奶水留在毛发上,这时可用柔软的毛刷和潮湿的棉布来清洁。经常抚摸但不要干扰它们睡眠。

宠物母乳和配方乳制品的比较

(3) 奶瓶饲喂要求 奶瓶要定期消毒,配方乳制品现用现配,未食用完的剩余残乳不应二次饲喂,开封的配方乳制品应注意密封保存,并且不能超过一个月。饲喂给幼猫时温度应该 37~38℃。

4. 工作犬、运动犬的营养需要

营养在运动表现、遗传及训练方面起着重要的作用。饲喂富含脂肪的食物能够提供能量;鱼油提供的脂肪酸能够减少身体运动损伤所引起的炎症;L-肉碱能够帮助提高脂肪的利用率和身体的能量储备;剧烈运动及因此产生的应激,会增加对蛋白质的需求,高蛋白的食物能够降低受伤的概率,并能通过提高肌肉含氧量改善运动表现;维生素 C 和维生素 E 能帮助犬抵御由于机体运动而释放产生的自由基;但是,犬必须要在训练前一个月开始饲喂新日粮,目的是让其身体和肌肉能适应并提高脂肪的利用率。

项目四

宠物营养配餐

任务 4-1
犬、猫体况评价

知识目标
1. 能够归纳出犬、猫体况评分的 9 分制评分方法。
2. 能够描述 5 分制评分方法的评价要点。

能力目标
能够使用 5 分制评分方法，对犬、猫进行体况评分。

素质目标
对犬、猫进行体况评分，提升综合思维能力。

任务准备
① 准备消瘦、偏瘦、理想、超重、肥胖等不同体况犬（猫）各 1 只。
② 观察场所要保持安静。
③ 让欲观察犬、猫保持自然站立姿势。

任务实施
① 触摸检查，犬、猫自然站立，检查人员将手轻放于犬、猫脊柱，伸展手于肋弓两侧，逆毛触摸，进行肋骨的触摸检查。
② 侧视检查，犬、猫自然站立，检查犬、猫的外形轮廓。检查人员面对犬、猫的侧面站立，重心下降，视线与所观察部位保持水平，进行侧视观察，观察犬、猫的肋弓后腹部。长毛犬、猫，检查人员需结合触摸进行检查。
③ 俯视检查，犬、猫自然站立，检查人员俯视观察犬、猫，检查肋弓后腰部。长毛犬、猫，检查人员需结合触摸进行检查。
④ 将触摸检查、侧视检查和俯视检查的结果进行综合分析，进行体况评分（评分标准见任务资讯 3），将体况评分的结果填写在任务 4-1 实施单。

犬、猫体况的
体况评分

任务结果
① 完成至少 10 只犬（猫）的体况评价。
② 将结果判断填写在任务 4-1 实施单。体况评分为 1 分的犬、猫，体况类型为消瘦型。体况评分为 2 分的犬、猫，体况类型为偏瘦型。体况评分为 3 分的犬、猫，体况类型为理想型。

体况评分为4分的犬、猫,体况类型为超重型。体况评分为5分的犬、猫,体况类型为肥胖型。

③将任务实施过程及任务总结填写在任务4-1实施单。

任务评价

任务评价见任务4-1考核单。

任务资讯

1. 体况评价的定义

体况评价用目测和触摸相结合的方式,对犬、猫肋骨两侧、下腹部、腰部的脂肪沉积状况进行评分。

2. 体况评价的意义

犬、猫的体况与健康密切相关,进行体况评价,可及时了解犬、猫的营养状况及饲养管理中存在的问题,确保犬、猫的健康。犬、猫体况是评价其健康水平及预测疾病的一项重要指示性指标。体况评价能够协助宠物医生根据体况调整犬、猫营养水平,辅助疾病的治疗,改善犬、猫体况;是检验和评价饲养管理水平的一项重要且实用的指导性指标,可用来直观明了地反映饲养管理状况是否合理。在饲养过程的不同阶段,适时进行体况评分,有助于了解犬、猫的营养状况,及时发现饲养管理中存在的问题,进行饲养方案的调整。

3. 体况评分标准

（1）9分制评分方法　根据犬、猫脂肪沉积和骨骼情况进行9分制的评分。理论上认为,犬、猫评价4～5分是理想体况。

① 猫体况评分标准：见表4-1。

表4-1　猫9分制体况评分表

评分	评价标准	体况
1	肌肉极少,无脂肪覆盖,肋骨可轻易触摸到;短毛猫肋骨清晰可见,腹部上收非常明显(见图4-1);短毛猫脊柱和骨盆均清晰可见,腰部非常细(见图4-10)	过瘦
2	肌肉损失,无明显脂肪覆盖,肋骨可轻易触摸到;短毛猫肋骨清晰可见,腹部上收很明显(见图4-2);短毛猫脊柱和骨盆均清晰可见,腰部很细(见图4-11)	
3	肋骨较易触摸到;短毛猫肋骨可见,仅有少量腹部脂肪,腹部上收明显(见图4-3);有很明显的腰身(见图4-12)	
4	肋骨可以触摸到;短毛猫肋骨不明显,有少量腹部脂肪,腹部轻微上收(见图4-4);有明显的腰身(见图4-13)	理想体态
5	肋骨可以触摸到;短毛猫肋骨不明显,有少量腹部脂肪,腹部轻微上收,体态匀称(见图4-5);有明显的腰身,体态匀称(见图4-14)	
6	肋骨稍用力可以触摸到;短毛猫肋骨不可见,腹部上收不明显(见图4-6);腰身不明显(见图4-15)	超重
7	肋骨有脂肪覆盖,较难触摸到;腹部变平,无上收(见图4-7);周身有脂肪覆盖,腰身几乎不可见,胸腹部略微膨胀(见图4-16)	
8	肋骨有脂肪覆盖,触摸不到;腹部微微突出(见图4-8);腰身不可见,胸腹部膨胀(见图4-17)	肥胖
9	肋骨被大量脂肪覆盖,完全触摸不到;腹部大量脂肪堆积,腹部明显下垂(见图4-9);无腰部曲线,胸腹部明显膨胀(见图4-18)	

图示：

图 4-1　侧视 1 分图示

图 4-2　侧视 2 分图示

图 4-3　侧视 3 分图示

图 4-4　侧视 4 分图示

图 4-5　侧视 5 分图示

图 4-6　侧视 6 分图示

图 4-7　侧视 7 分图示

图 4-8　侧视 8 分图示

图 4-9　侧视 9 分图示

图 4-10　俯视 1 分图示

图 4-11　俯视 2 分图示

图 4-12　俯视 3 分图示

图 4-13　俯视 4 分图示

图 4-14　俯视 5 分图示

图 4-15　俯视 6 分图示

图 4-16　俯视 7 分图示

图 4-17　俯视 8 分图示

图 4-18　俯视 9 分图示

彩图二维码

② 犬体况评分标准：见表4-2。

表4-2 犬9分制体况评分表

评分	评价标准	体况
1	明显的肌肉损失，肋骨可轻易触摸到；肋骨突出可见，身体无明显的脂肪，腹部上收非常明显（见图4-19～图4-21）；腰椎和骨盆突出可见，腰部非常细（见图4-46～图4-48）	过瘦
2	身体无明显可触及的皮下脂肪，少部分肌肉损失，肋骨可轻易触摸到；肋骨明显可见，腹部上收很明显（见图4-22～图4-24）；部分骨头突出可见，腰部很细（见图4-49～图4-51）	
3	无明显可触及的皮下脂肪，肋骨易触摸到；肋骨可见，腹部明显上收（见图4-25～图4-27）；腰椎顶部可见，盆骨突出，可见明显的腰部曲线（见图4-52～图4-54）	
4	有少量脂肪覆盖，肋骨容易触摸到；肋骨不明显，腹部明显上收（见图4-28～图4-30）；可见明显腰身（见图4-55～图4-57）	理想体态
5	无多余脂肪覆盖，肋骨稍用力可触摸到，体型匀称；肋骨不明显，可见腹部略微上收，体型匀称（见图4-31～图4-33）；可见腰身，体型匀称（见图4-58～图4-60）	
6	有少量脂肪覆盖，肋骨较难触摸到；肋骨不可见，腹部轻微上收（见图4-34～图4-36）；腰部曲线可见，但不明显（见图4-61～图4-63）	超重
7	脂肪层较厚，肋骨难以触摸到；腹部上收不明显（见图4-37～图4-39）；腰部至尾部有明显的脂肪堆积，腰部无曲线或很难看出（见图4-64～图4-66）	
8	肋骨有脂肪覆盖，触摸不到；腹部微微突出（见图4-40～图4-42）；腰身不可见（见图4-67～图4-69）	肥胖
9	肋骨被大量脂肪覆盖，完全触摸不到；颈部和四肢皆有脂肪沉积，腹部曲线不可见（见图4-43～图4-45）；从胸部到脊柱到尾部皆有大量脂肪覆盖，腰部曲线不可见，腹部明显外凸（见图4-70～图4-72）	

图示：

图4-19　小型犬侧视1分图示　　图4-20　中型犬侧视1分图示　　图4-21　大型犬侧视1分图示

图4-22　小型犬侧视2分图示　　图4-23　中型犬侧视2分图示　　图4-24　大型犬侧视2分图示

图 4-25　小型犬侧视 3 分图示　　图 4-26　中型犬侧视 3 分图示　　图 4-27　大型犬侧视 3 分图示

图 4-28　小型犬侧视 4 分图示　　图 4-29　中型犬侧视 4 分图示　　图 4-30　大型犬侧视 4 分图示

图 4-31　小型犬侧视 5 分图示　　图 4-32　中型犬侧视 5 分图示　　图 4-33　大型犬侧视 5 分图示

图 4-34　小型犬侧视 6 分图示　　图 4-35　中型犬侧视 6 分图示　　图 4-36　大型犬侧视 6 分图示

图 4-37　小型犬侧视 7 分图示　　图 4-38　中型犬侧视 7 分图示　　图 4-39　大型犬侧视 7 分图示

图 4-40　小型犬侧视 8 分图示　　图 4-41　中型犬侧视 8 分图示　　图 4-42　大型犬侧视 8 分图示

图 4-43　小型犬侧视 9 分图示　　图 4-44　中型犬侧视 9 分图示　　图 4-45　大型犬侧视 9 分图示

彩图二维码

图示：

图 4-46　小型犬俯视 1 分图示　　图 4-47　中型犬俯视 1 分图　　图 4-48　大型犬俯视 1 分图示

图 4-49　小型犬俯视 2 分图示　　图 4-50　中型犬俯视 2 分图示　　图 4-51　大型犬俯视 2 分图示

图 4-52　小型犬俯视 3 分图示　　图 4-53　中型犬俯视 3 分图示　　图 4-54　大型犬俯视 3 分图示

图 4-55　小型犬俯视 4 分图示　　图 4-56　中型犬俯视 4 分图示　　图 4-57　大型犬俯视 4 分图示

图 4-58　小型犬俯视 5 分图示　　图 4-59　中型犬俯视 5 分图示　　图 4-60　大型犬俯视 5 分图示

图 4-61　小型犬俯视 6 分图示　　图 4-62　中型犬俯视 6 分图示　　图 4-63　大型犬俯视 6 分图示

图 4-64　小型犬俯视 7 分图示　　图 4-65　中型犬俯视 7 分图示　　图 4-66　大型犬俯视 7 分图示

图 4-67　小型犬俯视 8 分图示　　图 4-68　中型犬俯视 8 分图示　　图 4-69　大型犬俯视 8 分图示

图 4-70　小型犬俯视 9 分图示　　图 4-71　中型犬俯视 9 分图示　　图 4-72　大型犬俯视 9 分图示

彩图二维码

（2）5 分制评分方法　采用 5 分制的评分方法，更便于临床医生进行临床操作，3 分为理想体况。

① 猫体况评分标准：见表 4-3。

表 4-3　猫 5 分制体况评分表

评分	评价标准	体况
1	触摸检查很容易触摸到肋骨、腰椎、髂骨，无脂肪覆盖；侧视检查短毛猫肋骨可见，腰椎、髂骨很明显，腹部上收明显（见图 4-73）；俯视检查腰椎和髂骨清晰可见，肋骨后腰部很细（见图 4-78）	消瘦
2	触摸检查易触摸到肋骨，其上有很少脂肪覆盖；侧视检查短毛猫肋骨可见，腰部脂肪很少，腹部上收较明显（见图 4-74）；俯视检查可见明显的腰椎，肋骨后腰身较细（见图 4-79）	偏瘦
3	触摸检查稍微用力可触摸到肋骨，并有少量脂肪覆盖；侧视检查比例较好，肋骨不明显，腹部脂肪较少，腹部轻微上收（见图 4-75）；俯视检查肋骨后可见腰身，而且线条匀称（见图 4-80）	理想体态
4	触摸检查用力按压可触摸到肋骨，并有中度脂肪覆盖；侧视检查腹部变平，无上收（见图 4-76）；俯视检查腰身几乎看不见，腹部明显圆胖（见图 4-81）	超重
5	触摸检查触摸不到肋骨，并有很厚脂肪层覆盖；侧视检查腹部、腰部、脸部、腿部有大量脂肪沉积，腹部下垂（见图 4-77）；俯视检查腹部膨胀，无腰部曲线（见图 4-82）	肥胖

图示:

图4-73 猫侧视1分图示

图4-74 猫侧视2分图示

图4-75 猫侧视3分图示

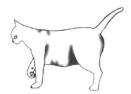
图4-76 猫侧视4分图示

图4-77 猫侧视5分图示

彩图二维码

图示:

图4-78 猫俯视1分图示

图4-79 猫俯视2分图示

图4-80 猫俯视3分图示

图4-81 猫俯视4分图示

图4-82 猫俯视5分图示

彩图二维码

② 犬体况评分标准：见表4-4。

表4-4 犬5分制体况评分表

评分	评价标准	体况
1	触摸检查肋骨突出，无可触及的皮下脂肪；侧视检查肋骨突出，后腹部严重凹陷，腹部明显上收（见图4-83）；俯视检查肋骨、腰椎、髋骨等突出明显，肋骨后可见明显腰身（见图4-88）	消瘦
2	触摸检查易摸到肋骨，可触及少量皮下脂肪；侧视检查肋骨略微可见，后腹部凹陷，腹部上收（见图4-84）；俯视检查腰椎顶端可见髋骨，髋骨稍微突出，肋骨后可见明显腰身（见图4-89）	偏瘦
3	触摸检查轻压可触摸到肋骨，可触及适量皮下脂肪；侧视检查肋骨不可见，后腹部轻微凹陷，腹部略微上收（见图4-85）；俯视检查，肋骨后可见匀称腰身（见图4-90）	理想体态
4	触摸检查用力按压可触摸到肋骨，可触及多量皮下脂肪；侧视检查肋骨不可见，后腹部无凹陷，腹部变平（见图4-86）；俯视检查腰部、尾根有脂肪沉积，腰部无曲线（见图4-91）	超重
5	触摸检查用力按压触摸不到肋骨，可触及大量皮下脂肪；侧视检查肋骨不可见，后腹部无凹陷，腹部下垂（见图4-87）；俯视检查尾根部有大量脂肪沉积，颈部有脂肪沉积，肋骨后无腰身且明显膨胀（见图4-92）	肥胖

图示：

图4-83　犬侧视1分图示

图4-84　犬侧视2分图示

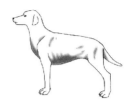
图4-85　犬侧视3分图示

图4-86　犬侧视4分图示

图4-87　犬侧视5分图示

图4-88　犬俯视1分图示

图4-89　犬俯视2分图示

图4-90　犬俯视3分图示

图4-91　犬俯视4分图示

图4-92　犬俯视5分图示

彩图二维码

③ 体况评分与体况类型和脂肪含量对照：见表4-5。

表4-5　犬、猫5分制体况评分与体况类型和脂肪含量对照表

评分	体况类型	体脂含量
1	消瘦型	小于5%
2	偏瘦型	约为10%
3	理想型	约为20%
4	超重型	约为30%
5	肥胖型	大于50%

任务 4-2

宠物营养状况观察与分析

知识目标

1. 识别常见营养元素不平衡的典型症状。
2. 能运用宠物营养状况评价的方法。

能力目标

能够对犬、猫进行营养状况的观察，并对所观察的现象进行分析，并给出指导意见。

素质目标

1. 培养细致的观察能力及系统化分析问题、解决问题的能力。
2. 锻炼与客户的沟通能力及科学饲养观念的普及能力。

任务准备

准备至少 3 只欲观察犬（猫）。

任务实施

① 对犬（猫）进行营养评价：犬（猫）基本情况、食物、饲喂方案及环境调查。
② 对犬（猫）进行风险筛查评估：不存在风险，不需要进行深度评估，保持继续观察，如若存在至少一个风险，需进行深入评估。
③ 分析所观察宠物当前营养状况，有针对性地制定饲喂计划。

任务结果

① 每组至少累计观察 3 只犬（猫），并将所观察到的现象填写在任务 4-2 实施单。
② 将任务实施过程及任务总结填写在任务 4-2 实施单。

任务评价

任务评价见任务 4-2 考核单。

任务资讯

1. 营养评价的定义

营养评价是运用科学手段，了解犬、猫群体或个体的饮食摄入和营养水平，以判别其当前的营养状况。从动物、食物和饲喂方式这三个方面进行评估，制定包括食物和饲喂方式在内的饲喂计划，之后定期重新评估。

营养评价应伴随动物终身，有助于维持动物健康，辅助疾病治疗，提高动物生活质量，增强兽医、动物和主人的联结。

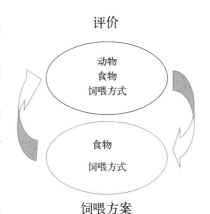

2. 六大营养物质缺乏的症状

（1）**水分的缺乏** 犬体内没有特殊的贮水能力，失水将比断食更快地引起死亡。犬体内的水分减少8%时，会出现严重口渴感、食欲丧失、消化功能减弱、吸收发生障碍，并因黏膜干燥，降低对疾病的抵抗力和机体免疫力。长期饮水不足，将导致血液黏稠，造成循环困难，损害健康。宠物短期缺水，幼龄宠物生长受阻，犬的兴奋性显著降低，泌乳宠物产奶量急剧下降。犬体内水分减少20%时，将导致死亡。总之，与得不到食物相比，动物得不到水分会更难维持生命，尤其是在高温季节，因此，必须保证充分饮水。

在缺水的情况，相对于犬，猫能在无食物情况下活得更久。猫最初生活在沙漠，它们能通过高度浓缩尿液来回收水分。然而，过度的浓缩尿液会提高结晶沉淀及形成结石的风险，因此，要鼓励猫多饮水。

（2）**蛋白质的缺乏** 宠物饲粮中蛋白质不足或蛋白质品质低下，影响宠物的健康、生长及繁殖性能，其主要表现如下。

① 消化功能紊乱。饲粮中蛋白质的缺乏会影响消化道组织蛋白质的更新和消化液的正常分泌。宠物会出现食欲下降、采食量减少、营养不良及慢性腹泻等现象。

② 幼龄宠物生长发育受阻。幼龄宠物正处于皮肤、骨骼、肌肉等组织迅速生长和各种器官发育的旺盛时期，需要更多蛋白质。若供应不足，幼龄宠物增重缓慢、瘦弱、生长停滞，甚至死亡。

③ 易患贫血症及其他疾病。宠物缺少蛋白质，机体将因不能形成足够的血红蛋白和血球蛋白而患贫血症。并因血液中免疫抗体数量的减少，宠物抗病力减弱，容易感染各种疾病。犬缺乏蛋白质时，胸腹下部常伴发浮肿，易感染而死亡。

④ 影响繁殖性能。雄性宠物性欲降低、精液品质下降、精子数目减少。繁殖期的雌性宠物不发情、性周期异常、卵子数量少且质量差、受胎率低。受孕后胎儿发育不良，以致产生弱胎、死胎或畸形胎儿。

⑤ 其他方面影响。缺乏蛋白质时，泌乳宠物的泌乳量下降，导致仔犬、仔猫大量死亡。宠物被毛健康也将受到影响。缺乏牛磺酸时，猫的视网膜会出现退行性的病损。

（3）**脂肪的缺乏** 在宠物日粮配方中脂肪是不可或缺的，一旦脂肪含量不足将会造成皮毛枯涩、暗淡无光，皮肤疾病增多、皮屑增多，而且会加速蛋白质的消耗，长期缺乏宠物会出现消瘦、生长缓慢、生长停滞。

低脂肪日粮可导致宠物毛色晦暗，皮肤呈干鳞片状，犬、猫脱皮，皮肤和毛发粗糙，也会影响到繁殖性能，而且脂溶性维生素易缺乏，影响生长，严重时会增加死亡率。

当幼龄宠物日粮中缺乏必需脂肪酸时，影响宠物的生长发育，常发生皮炎、脱毛、皮下出血及水肿、尾部坏死。严重时，会引起消化障碍和中枢神经功能障碍，生长停滞。成年宠物出现繁殖力下降、性欲降低、死胎、泌乳量下降，甚至死亡。犬在妊娠期内，胰岛素功能受到损害，使脂肪不能被充分利用而排出体外，继而出现皮炎、皮屑增多、被毛无光泽、皮肤干燥等症状，可在母犬的饲粮中添加脂肪酶帮助消化。

脂肪的缺乏，也会影响到宠物产品的形成和品质。

（4）碳水化合物的缺乏 日粮中碳水化合物不足，宠物需动用体内贮备物质来维持机体代谢水平，从而出现体况消瘦、体重减轻、繁殖性能降低等现象。犬如果严重缺乏碳水化合物，会生长迟缓、发育缓慢、容易疲劳。因此，必须重视碳水化合物的供应。猫因缺乏淀粉酶，不能大量消化淀粉类食物，食物来源碳水化合物极少。

（5）维生素的缺乏 宠物体内只能合成小部分的维生素，大部分维生素需从饲料中获得。除维生素C和维生素K外，犬不能在体内合成其他的维生素。在一般饲料中，最易缺乏的是维生素A、维生素D、维生素B_2、维生素B_{12}、维生素E和维生素K。

① 维生素A缺乏：维生素A在机体有多方面的功能，缺乏时会导致机体出现异常或疾病，主要表现如下。

a. 夜盲症：在弱光下，视力减退或完全丧失，患"夜盲症"。

b. 上皮组织干燥和过度角质化：上皮组织干燥和过度角质化，易受细菌侵袭而感染多种疾病。泪腺上皮组织角质化，发生"干眼症"，严重时角膜、结膜化脓溃疡，甚至失明。呼吸道或消化道上皮组织角质化，生长宠物易引起肺炎或下痢；泌尿系统上皮组织角质化，易产生肾结石和尿道结石。

c. 繁殖性能下降：机体繁殖性能下降，雄性宠物性欲差、睾丸及附睾退化、精液品质下降，雌性宠物不易受孕，妊娠母犬母猫流产、难产、产死胎。

d. 骨骼生长受阻：维生素A缺乏时，破坏软骨骨化过程。骨骼造型不全，骨弱且过分增厚，压迫中枢神经，出现运动失调、痉挛、麻痹等神经症状。

e. 幼龄宠物生长受阻：当维生素A缺乏时，会影响体蛋白合成及骨组织的发育，造成幼龄宠物精神不振，食欲减退，内脏器官萎缩，严重时死亡。

猫的慢性维生素A缺乏，一般表现为厌食、消瘦和毛焦，怕光羞明，角膜炎、结膜炎。生殖力下降，公猫睾丸萎缩、无精子。严重缺乏时，母猫不发情。轻度缺乏时，会导致出现流产，或产生体弱畸形的仔猫，母猫胎衣不下，幼猫易患消化道或呼吸道疾病。

犬缺乏维生素A时，会引起夜盲症、干眼症、共济失调、结膜炎、皮肤及上皮表层损伤等。长期缺乏，导致呼吸道感染，神经功能紊乱致使行走困难、四肢痉挛，生殖细胞异常，母犬不易受孕或中途流产等，被毛粗乱无光，食欲降低。骨骼生长不良，易形成网状骨质，骨脆弱易发生骨折。

② 维生素K缺乏：当机体缺乏维生素K时，血液凝固功能失调，血液凝血酶原含量下降，导致血凝时间延长和出血。犬、猫机体内可合成维生素K，因此通常情况下不出现缺乏症状。只有当肠道疾病、肝胆疾病，长期服用抗素或磺胺类药物时，易引起维生素K缺乏。

③ 维生素E缺乏：当动物缺乏维生素E时，会造成生长停滞、突发性心力衰竭、繁殖

受损、神经系统病变、皮下组织水肿、脂肪组织呈黄褐色、肝坏死、肌胃溃疡及皮肤出血等。犬、猫日粮中含有大量不饱和脂肪酸，因此维生素E的需要量较大。猫缺乏维生素E时，主要表现为厌食，不爱活动，由于肌肉萎缩及营养退化，患猫经常蹲坐。由于过氧化物的存在与蓄积，机体里的脂肪变为黄色、棕色或橘黄色，质度变硬，称为脂肪组织炎或黄色脂肪病。长期饲喂金枪鱼时，可诱发此病。犬体内缺乏维生素E，会导致骨骼肌营养不良（白肌病）。急性表现为心肌变性，亚急性表现为骨骼肌变性，前者常突然死亡，后者表现运动障碍，严重时不能站立。犬缺乏维生素E，可导致繁殖功能的障碍，种公犬睾丸生殖上皮变性、精液品质下降、精子细胞生成受阻、发生不育。母犬妊娠困难，即使受胎，也可造成胚胎中途死亡，或产弱仔或胎儿被吸收。

④ 维生素D缺乏：可引发多种与骨骼相关的疾病。

a. 佝偻病：佝偻病是处于幼年宠物体内缺乏维生素D所表现出的主要病症，主要症状有长骨的生长障碍与畸形，常见行动困难、不能站立、生长缓慢。

b. 骨软化病：骨软化病只发病于成年宠物，主要症状为肌无力与骨脆，近端肢带肌肉发生疼痛并感到无力，肌肉抽搐。

c. 骨质疏松症：主要表现为骨矿物质密度变低，骨脆症状加剧。四肢关节变形、肋骨变形、牙齿缺乏釉质而发育不良。

⑤ 维生素B_1缺乏：表现为食欲不振、呕吐、体重减轻与脱水，严重时表现为多发性神经炎、心脏功能障碍，以及由于脊髓出血而发生惊厥、共济失调、麻痹和虚脱。在缺乏的早期，给宠物肌内注射维生素B_1，12h后症状基本消失。严重缺乏时，由于大脑受损，注射治疗效果较差。

⑥ 维生素B_2缺乏：一般猫不会发生维生素B_2缺乏，但如果猫患维生素B_2缺乏表现为缺氧、消瘦、脱毛，慢性缺乏6～9个月后，发展为白内障、脂肪肝、睾丸发育不全和小红细胞增多，严重时死亡。在发病早期，及时注射维生素B_2注射液，症状会消除。犬维生素B_2缺乏时，会出现厌食、被毛粗乱、腹泻、眼角分泌物增多、失重、后腿肌肉萎缩、睾丸发育不全、结膜炎和角膜混浊等现象，有时可见口腔黏膜出血、口角唇边溃烂、流涎水等症状。还会造成仔犬生长停滞，对生长速度快的幼犬能显著降低其体蛋白的沉积。母犬繁殖性能降低。

⑦ 维生素B_3缺乏：一般情况，猫不会缺乏维生素B_3。但缺乏时表现为腹泻、消瘦、幼猫出生3周死亡、糙皮病等，口腔有溃疡、流涎，呼出气体中有恶臭和发热，经常由于维生素B_3、维生素B_1、维生素B_2同时缺乏而出现综合症状，最后发展为口腔和呼吸道感染。犬缺乏时，表现为黑舌病，发生口腔炎和溃疡，口内流出浓的含血唾液，口齿抽搐，呼吸带有恶臭的气味。

⑧ 维生素B_5缺乏：猫一般很少缺乏维生素B_5，缺乏时主要以消瘦为特征，另有脂肪肝。犬缺乏时，仔犬增重减缓，食欲下降，皮肤变粗，黏膜上皮脱落，并可引起呼吸道、消化道疾病；种犬生殖功能降低，母犬可能产出畸形仔犬；影响到神经系统，病犬后肢痉挛。有时可见呕吐、脱毛、胃肠溃疡、消化功能紊乱和消瘦等症状。

⑨ 维生素B_6缺乏：猫缺乏维生素B_6的症状为消瘦、生长缓慢、小红细胞贫血、惊厥、急性肾脏疾患。食用高蛋白质饲粮的犬对维生素B_6的需要量增多。犬缺乏维生素B_6时，出现厌食、食物消化率降低、生长缓慢、体重下降，有的出现以耳朵、爪、鼻、尾巴等末梢部位为特征的"肢端病"，后肢麻痹、外周神经发生进行性病变，导致运动失调，最后发生不

规则间隔惊厥；眼睛周围有褐色分泌物、流泪、视力减退，甚至失明；小红细胞低色素性贫血；皮肤发炎、皮下水肿、脱毛。

⑩ 维生素 B_7 缺乏：生蛋清中含有抗生物素酶（与生物素结合，阻止其被吸收），可引起生物素缺乏，用蛋类饲喂宠物时需煮熟再喂。缺乏会出现红斑，面部和眼部周围脱毛，毛发变白变脆，全身性脱屑等现象。缺乏生物素的猫，厌食，眼睛和鼻子有干性分泌物，唾液分泌增多，继续严重发展可能出现血痢和显著消瘦。犬生物素缺乏的早期表现为皮屑状皮炎、食欲不振、贫血、恶心、呕吐、舌头与皮肤发炎。

⑪ 维生素 B_9（叶酸）缺乏：幼猫缺乏叶酸后，血液及红细胞中叶酸含量降低很多，幼猫停止生长，发展成大红细胞性贫血，白细胞总数减少，血液凝固时间延长等。犬叶酸缺乏的典型症状为贫血和白细胞减少。妊娠期的母亲缺乏叶酸，是导致胎儿形成异常，造成腭裂、唇裂、脊柱裂等畸形的原因之一。

⑫ 维生素 B_{12} 缺乏：食物中含有微量的钴时，宠物可以在肠道中合成维生素 B_{12}，所以一般不会缺乏。猫缺乏时，生长迟缓、贫血、血红蛋白减少。当犬感染钩虫造成贫血时，应该额外补充维生素 B_{12}，有利于血液的补充。犬缺乏维生素 B_{12} 的症状与叶酸缺乏症相似，以贫血和白细胞减少为主，会出现厌食、营养不良、生长停滞、毛粗乱、肌肉软弱、皮炎。日粮中蛋白质少时，不利于维生素 B_{12} 的吸收。

⑬ 维生素 C 缺乏：毛细血管的细胞间质减少，通透性增强而引起皮下、肌肉、肠道黏膜出血。骨质疏松易折，牙龈出血，牙齿松脱，创口溃疡不易愈合，患"坏血症"；动物食欲下降，生长阻滞，体重减轻，活动能力丧失，皮下及关节弥漫性出血，被毛无光，贫血，抵抗力和抗应激力下降。犬缺乏时，呈现阵发性剧烈疼痛，然后恢复正常。如犬睡后醒来时，四肢在几分钟内难以伸展，但在睡前补偿规定量的维生素 C，症状就可消失。

（6）矿物质的缺乏

① 钙磷缺乏：宠物机体缺乏钙磷，会出现一系列疾病。其中，一般性的症状如下。

a. 食欲不振，生产力下降：食欲不振或废绝，缺磷时更为明显，表现为消瘦、生长停滞。雌性宠物不发情或屡配不孕，并可导致永久性不育，或产畸胎、死胎，产后泌乳量减少。雄性宠物性功能降低，精子发育不良，活力差。猫缺乏钙时，最初外观几乎无变化，4~6 周后幼猫变得不爱活动，经常采用躺卧体态，不愿与人互动。

b. 异嗜症：宠物出现喜欢啃食泥土与石头、舔墙壁、咬木头等行为，互相舔食被毛或咬耳朵。缺磷时异嗜症表现更为明显。

c. 幼年宠物患佝偻症：幼年宠物的饲粮中缺乏钙及其比例不当或维生素 D 不足时均可引起。患佝偻症的猫最初表现为四肢跛行或轻瘫，严重时后肢瘫痪。X 射线检查可见，骨端粗大，关节肿大，四肢弯曲，全身骨质疏松，长骨骨髓腔增大，骨骼的骨小梁稀疏、粗糙，易骨折，肩胛骨弯曲外展，形成畸形的翼状肩胛。犬缺乏钙时，骨骼失重与软化，其中颌骨最早出现症状，然后牙槽骨和牙龈退化，牙齿脱落，随后表现为佝偻病症状。

d. 成年宠物患软骨症：此症常发生于妊娠后期与产后的成年宠物。饲粮中缺少钙磷或比例不当，为供给胎儿生长或产奶的需要，宠物过多地动用骨骼中的贮备，造成骨质疏松、多孔呈海绵状，骨壁变薄，容易在骨盆骨、股骨和腰荐部椎骨处发生骨折，严重时引起死亡。

e. 哺乳母犬、猫的低钙血症：哺乳母犬、猫低钙血症也称为产后抽搐、产后癫痫、产褥痉挛病、产后风。本病主要发生于小型玩赏犬，中型犬与大型犬很少发病。临床症状表现为没有先兆，突然发病。病初表现为不安、兴奋、呻吟、流涎、肌肉震颤，继而全身肌肉痉挛、站立困难，头向后仰，眼向上翻，角弓反张，张口伸舌、口吐白沫，呼吸急促，很容易因窒息而死亡。

②钠缺乏：宠物容易出现疲劳无力，饮水减少，皮肤干燥，同时蛋白质利用率下降。严重时恶心、呕吐、血压急剧下降。还可能出现精神萎靡，肌肉无力，不愿走动，腹部气胀，心搏增速，多尿，瘫痪等症状。

③镁缺乏：当宠物机体缺少镁时，表现为过度兴奋、厌食、肌肉抽搐，严重时发生痉挛，甚至昏迷死亡。缺镁会影响心脏、血管等软组织中钙的沉积，可使主动脉中钙的水平提高约40倍，因此应该注意日粮中钙、磷、镁的平衡。患缺镁症的犬站立姿势就像站在光滑的地板上，无法站立起来。

④硫缺乏：硫的缺乏通常是宠物缺乏蛋白质时才会发生。宠物缺硫表现消瘦，蹄、爪、毛、羽生长缓慢。

⑤铁缺乏：一般食物中铁含量均能满足宠物需要量，成年宠物不易缺铁，多发于幼龄哺乳动物，原因是幼龄动物体内铁储备量少，而且从母乳中获得的铁有限。宠物缺铁主要症状为贫血，表现为食欲降低，生长缓慢，轻度腹泻，昏睡，皮肤和可视黏膜苍白，呼吸频率增加，体质虚弱，抗病力减弱，呼吸困难。血液检查，血红蛋白比正常值低。低于正常值25%时仅表现贫血。低于正常值50%～60%则可能表现出生理功能障碍。犬缺乏铁时影响其毛色，直接损伤淋巴细胞的生成，影响机体内含铁球蛋白类的免疫性能，宠物易患病。

⑥铜缺乏：肝脏中铜的浓度及血液中血红素水平下降，其原因是在缺铜后不利于铁的利用，影响铁从网状内皮系统和肝细胞中释放出来。因此，缺铜引起的贫血与缺铁贫血相似。缺铜可引起含铜酪氨酸酶活性降低，导致宠物被毛褪色，黑色毛变为灰白色，犬的毛色不良。缺铜能损害宠物脑干和脊髓，使血管弹性硬蛋白合成受阻，弹性降低，从而导致宠物血管破裂死亡。缺铜宠物易骨折或骨畸形。缺铜易损伤宠物机体免疫系统，致使宠物免疫力下降，繁殖力降低。

⑦锰缺乏：宠物缺锰时，采食量下降，生长发育受阻，骨骼畸形，关节肿大，骨质疏松。雌性宠物缺锰主要表现不发情或性周期异常，不易受孕，妊娠初期流产或产弱胎、死胎、畸形胎。公犬缺锰表现为性欲丧失，睾丸退化，精子缺乏或不良。锰缺乏或过量都会抑制抗体的产生。

⑧硒缺乏：主要表现肝坏死，组织中硒浓度下降，血液中谷胱甘肽过氧化物酶和鸟氨酸-氨甲酰转移酶活性下降。临床上犬可单独出现肝坏死，也可与肌肉营养不良或白肌病及桑葚心同时出现。严重缺硒会引起胰腺萎缩，胰腺分泌的消化液明显减少。明显影响繁殖性能，精子数减少，活力差。机体免疫力降低。

⑨锌缺乏：采食量下降，食欲差，生长发育受阻，皮肤和被毛损害。皮肤不完全角质化症是很多宠物缺锌的典型表现，可表现局部皮肤角质增生，皮肤干燥，有鳞屑，脱毛。猫表现为消瘦，呕吐，结膜炎，角膜炎，毛发褪色，全身虚弱，生长发育迟缓。犬缺乏锌时，不仅生长缓慢，精子活力下降，而且伴发皮肤发炎，被毛发育不良，甚至导致糖尿病。雄性宠物生殖器官发育不良，雌性繁殖性能降低，不易受孕或流产。骨骼发育不良，长骨变短增厚，宠物外伤愈合缓慢，机体免疫力下降，免疫器官明显减轻。

⑩碘缺乏：长期缺碘，甲状腺细胞代偿性实质增生而肿大，生长受阻，骨骼发育异常，出现"侏儒症"，繁殖力下降。猫缺碘表现为生长缓慢，被毛稀疏，皮肤增厚变硬，头部水肿变大，行动迟缓，表情呆板，性功能下降，不易受孕，难产，产弱仔、死仔或无毛仔，胎

儿腭裂。犬严重缺碘时，甲状腺功能降低，幼犬患呆小症，成年犬患黏性水肿，病犬表现为被毛短而稀疏，皮肤硬厚，脱皮，迟钝与困倦。妊娠期宠物缺碘可导致胎儿死亡和重吸收，产死胎或新生胎儿无毛、体弱、重量轻、生长慢和成活率低。血中甲状腺素浓度下降，细胞氧化能力下降，基础代谢降低。

⑪ 钴缺乏：钴缺乏时，主要表现食欲不振，生长停滞，体弱消瘦，黏膜苍白等贫血症状。机体中抗体减少，降低了细胞免疫反应。犬缺钴表现为神经障碍、运动失调和生长停滞。

3. 六大营养物质过量的症状

（1）**蛋白质过量** 宠物饲粮中蛋白质过量时，不仅造成浪费，还会引起宠物机体内代谢紊乱，使心脏、肝脏、肾脏、消化道、中枢神经系统的功能失调，严重时发生酸中毒。过量蛋白质中多余的氨基酸会在肝脏中脱氨，形成尿素由肾随尿排出体外，加重肝肾负担，严重时引起肝肾疾病，夏季还会加剧热应激。

（2）**脂肪过量** 宠物可以耐受很高的脂肪，但是当日粮中脂肪含量超过50%时，宠物就会感觉油腻、恶心、厌食。若脂肪过高，宠物则出现肥胖，造成代谢紊乱，易发生脂肪肝、胰腺炎等营养代谢病。犬表现为行动迟缓、食欲下降，严重者生长停滞。过肥的公犬性欲下降，繁殖率降低；过肥的母犬发情迟缓，或不发情、空怀、难产、产后缺乳。猫可以采食含脂肪64%的饲粮而不会感到腻烦，亦不会引起血管异常。并且，脂肪在胃内停留的时间延长，使猫有一种饱腹感，能防止过食现象。犬对脂肪的忍耐性不如猫，大多数犬可以忍耐含脂肪50%的日粮，但有些犬感到恶心。

（3）**碳水化合物过量** 食物中碳水化合物过量时，影响毛色和体型。过多的粗纤维影响宠物对于蛋白质、矿物质、脂肪和淀粉等营养物质的吸收与利用，还易引起便秘。

（4）**维生素过量** 脂溶性维生素贮存在身体的脂肪组织中，容易在体内积累，过多会产生中毒症或者妨碍与其有关养分的代谢，尤其是维生素A和维生素D，维生素E和维生素K的中毒现象很少见。未被宠物利用的水溶性维生素主要由尿液排出体外，在体内不贮存，因此，即使一次较大剂量服用也不易中毒。

① 维生素A过量：会贮存在肝脏和脂肪组织中，肾脏不能完全排除，造成机体中毒。猫表现为骨畸形、骨质疏松、颈椎骨脱离和颈软骨增生，骨骺生长缓慢、器官退化、生长缓慢、失重，皮肤受损及先天畸形。犬表现为骨质疏松、跛行、齿龈炎、皮肤干燥、脱毛。

② 维生素D过量：会使大量钙从骨中转移出来，沉积于动脉管壁、关节、肾小管、心脏等处，血钙异常升高，引起软组织钙化，组织器官发生炎症。当肾严重损伤时，常死于尿毒症。短期饲喂，大多数宠物可耐受100倍的剂量。维生素D_3的毒性比微生物D_2的毒性大10~20倍。

③ 维生素E过量：维生素E相对于维生素A和维生素D是无毒的，大多数宠物能耐受100倍于需要量的剂量。但长期饲喂过量维生素E会对甲状腺活力及凝血造成不良影响。

④ 维生素K过量：维生素K_1和维生素K_2相对于维生素A和维生素D来说是无毒的，但大剂量维生素K_3会引起溶血。

（5）**矿物质过量**

① 钙磷过量：过量的钙会降低磷及其他矿物质元素（锌、锰、铁）的吸收，脂肪消化率也会降低。过量的磷会使血钙降低，为了调节血钙，刺激甲状旁腺分泌增多而引起甲状旁腺

功能亢进，致使骨中磷大量分解，易产生跛行或长骨骨折。

②钾、钠、氯过量：宠物饮食中食盐过量，易引起宠物食盐中毒，表现为极度口渴、腹泻、步态不稳、抽搐等症状，严重时可导致死亡。老龄犬会因食盐超量而使心脏遭受损害。犬粮中钾过量会影响钠、镁的吸收，甚至引起"缺镁痉挛症"。

③镁过量：镁过量会导致机体中毒，主要表现为昏睡、运动失调、腹泻、采食量下降、生长缓慢，甚至死亡。猫摄入过量的镁，会以磷酸铵镁的形式由尿液排出，但尿中过多的磷酸铵镁结晶沉积可阻塞尿道，造成膀胱积尿，临床上此病公猫比母猫多发。

④锰过量：宠物对锰有一定的耐受力，锰中毒现象非常少见。锰过量，损害宠物胃肠道，生长受阻，贫血，并致使钙、磷利用率降低，导致"佝偻病""骨软症"。还可引起猫的繁殖力下降和血红蛋白的形成，导致部分白斑病。

⑤铁过量：宠物对铁的耐受力很强，一般不表现病理反应。食品干物质中含铁量达1000mg/kg时，才能导致慢性中毒。长期服用铁制剂或从食物中摄铁过多，使体内铁量超过正常量的10～20倍，就可能出现慢性中毒症状，表现为消化功能紊乱，引起腹泻、胃肠炎、生长缓慢。肝、脾有大量铁沉着，可表现为肝硬化、骨质疏松、软骨钙化、皮肤呈棕黑色或灰暗、胰岛素分泌减少而导致糖尿病，重者导致死亡。

⑥铜过量：铜过量会引起中毒，使生长受阻、贫血、肌肉营养不良，诱发胃炎，粪便呈蓝绿色黏液状。在肝中蓄积到一定水平时，就会释放进入血液，使红细胞溶解，宠物表现尿血、黄疸、组织坏死，甚至死亡。临床上出现过贝灵顿犬由于铜过量引起肝炎、肝硬化，并表现出遗传倾向。

⑦硒过量：宠物长期摄入 5～10mg/kg 硒可产生慢性中毒，表现为消瘦、贫血、关节僵直、脱蹄匣、脱毛和影响繁殖等。摄入 500～1000mg/kg 硒可出现急性或亚急性中毒，轻者盲目蹒跚，重者死亡。

⑧锌过量：锌摄入过量，一般不会对宠物造成危害，因为各种宠物对锌的耐受力都较强。过量时锌会抑制铁、铜的吸收，导致贫血。

⑨碘过量：不同宠物对碘的耐受力有差异，但碘过量无益，甚至会引起中毒。成年猫每天可以饲喂 5mg 的碘，不会出现过量反应。猫长期摄入过量碘，甲状腺功能亢进，表现为兴奋、好动、厌食，但短时间活动之后，易疲劳、气喘，体温略微升高，伸懒腰。

⑩钴过量：宠物对钴的耐受力较强。在日粮中钴含量达 10mg/kg，不会出现中毒反应。日粮中钴的含量超过需要量的 300 倍时可产生中毒反应。临床中，钴中毒很少见。

任务 4-3

宠物食品配方设计

知识目标

1. 能够比较不同生理阶段犬、猫的营养需要特点。
2. 能够运用宠物食品配方设计的方法。

能力目标

1. 能正确查看宠物饲养标准。
2. 能使用试差法设计简单的宠物食品配方。

素质目标

在配方设计过程中培养耐心、细致、严谨的科学态度。

任务准备

① 准备好一份饲养标准。
② 归纳不同生理阶段犬、猫的营养需要特点。

任务实施

为成年维持期犬设计简单的饲料配方,学习配方设计的过程:
① 在已知的原料中选择原料,并将所选原料填写在实施单中(见任务 4-3 实施单)。
② 查饲养标准,确定成年犬最低维持需要的营养需要量,将确定的结果填写在任务 4-3 实施单。
③ 查饲养标准表,列出初选原料的营养成分及营养价值,将所查结果填写在任务 4-3 实施单。
④ 使用试差法进行试配,初步确定各种风干饲料在配方中的重量百分比,进行计算,得出初配饲料计算结果,与饲养标准进行比较,并将初配比例及计算结果填写在任务 4-3 实施单。
⑤ 调整配方,达到营养指标与饲养标准基本相同或相近(一般控制在高出 2% 以内),并将调整后营养成分计算结果填写在任务 4-3 实施单。

宠物食品配方设计

任务结果

① 完成至少一个成年维持期犬的饲料配方。

② 将任务实施过程及任务总结填写在任务 4-3 实施单。

任务评价

任务评价见任务 4-3 考核单。

任务资讯

1. 营养需要的概念

营养需要是指每只动物每天对能量、蛋白质、矿物质和维生素等营养物质的需要量。不同种类、年龄、性别、体重及生理阶段的动物，其营养需要不同。从食物中摄取的营养物质，用于维持动物本身生命的营养需要，主要表现在基础代谢、自由活动及维持体温 3 个方面，这一部分需要称为维持需要。维持需要是最低程度的需要，若不能满足，动物就会消瘦，抵抗力下降。动物摄食养分首先满足维持需要，在维持需要满足基础上，再满足妊娠、泌乳、生长等生命活动。研究营养需要，就是要探讨不同种类动物对营养物质需要的特点、变化及影响因素，作为制订饲养标准和合理配制饲粮的依据。

2. 饲养标准的概念

根据动物的不同种类、年龄、性别、体重、生产方向和水平，以生产实践中积累的经验，结合能量和物质代谢试验和饲养试验的结果，科学地规定 1 头（只）动物每天应该给予的能量和各种营养物质的数量标准，称为饲养标准。一个饲养标准应该包括两个主要部分：一是动物的营养需要量或供给量；二是关于动物常用饲料的营养价值表。

3. 犬的营养需要

幼犬、成年犬维持期、老年犬、妊娠犬和哺乳犬等处于不同生理阶段的犬，对营养需要有很大差异，在维持需要的基础上，根据不同阶段营养需求特点，补充不同的营养成分，以满足犬在不同生理阶段的营养需要。

（1）**维持需要** 是指犬既不生长发育又不繁殖和工作，其体重没有任何增长，只是在保持正常的营养状态情况下，犬所需要的营养物质用来维持正常的体温，并保持呼吸、循环、消化等器官的正常功能，以及供给起卧、行走等必要行动的热能。维持需要一般是理论上的提法，实际上很少有犬处于绝对的维持状态。对维持营养来说，动物体重越小，其单位活动所需的维持营养越高，因此，维持需要是按代谢体重计算。为便于研究比较，犬在不同状态下的营养需要，均是从维持需要开始，再进一步研究其他状态的营养需要。维持状态下各种营养物质的需要如下。

① 能量需要

犬的维持消化能（DE）需要量计算公式：

$$DE=70W^{0.75}\text{kcal}=292.89W^{0.75}\text{kJ}$$

式中，W 为体重，kg（下同）；$W^{0.75}$ 为代谢体重，即体重的 0.75 次方。

犬的维持代谢能（ME）需要量计算公式：

$$ME=141W^{0.75}\text{kcal}=589.97W^{0.75}\text{kJ}$$

② 蛋白质需要：按体重计，成年犬每千克在维持状态下每天可消化蛋白质需要量为 4.8g。

③ 矿物质及维生素的需要见表4-6。

表4-6 犬在维持状态下每天每千克体重对矿物质及维生素的需要量

矿物质种类	日需要量	维生素种类	日需要量
钙	242mg	维生素A	110 IU
磷	198mg	维生素D	11 IU
钾	132mg	维生素E	1.1 IU
氯化钠	242mg	硫胺素	22 μg
镁	8.8mg	核黄素	48 μg
铁	1.32mg	泛酸	220 μg
铜	0.16mg	烟酸	250 μg
锰	0.11mg	维生素B_6	22 μg
锌	1.1mg	叶酸	4.0 μg
碘	0.034mg	生物素	2.2 μg
硒	2.42 μg	维生素B_{12}	0.5 μg
		胆碱	26mg

（2）不同生理阶段犬的营养需要 生长期是指从出生到性成熟为止的生理阶段，包括哺乳期和育成期2个阶段。根据生长发育规律，提供适宜的营养水平，是促进幼犬生长发育的重要保障。

① 生长幼犬的营养需要：幼犬生命的前几周完全依靠母乳，无需另加食物。这一时期，如若发生母乳供给不足，则应供给母乳替代品，而且应选择配方乳制品，进行人工辅喂，昼夜24h分次供应。幼犬断奶后的营养需求原则为高能量，高含量、高质量的蛋白质，高矿物质（钙）和维生素。目前，市场上已经有专门为断奶期量身定做的干粮，例如离乳期奶糕，其可以迅速再水合成为适合幼犬断奶的糊状食品。

a. 能量需要：根据饲养试验测定能量需要的方法，是在整个生长阶段分组喂给不同能量水平日粮，测定出能得到正常生长的能量水平，进而确定生长阶段适宜的能量需要量。经试验表明：生长幼犬的代谢能需要量是维持能量的1.5~2倍。

$$ME=(1.5\sim 2)\times 589.97W^{0.75}kJ$$

3~4周龄的犬，每天需要代谢能为：

$$ME=1146.47W^{0.75}(kJ/d)$$

在生长中期的幼犬，每千克体重代谢能为200kcal或836.84kJ。用公式表示其每天需要的代谢能为：

$$ME=200W^{0.75}(kcal/d)=836.84W^{0.75}(kJ/d)$$

b. 蛋白质的需要：幼犬生长阶段所增加的体重，除水分外，主要成分是蛋白质。从理论上讲，蛋白质的最低需要量就是体内蛋白质的实际贮积量。但由于饲料蛋白质在消化代谢过程中有损失，所以事实上蛋白质的需要量远远超过这个数字。幼犬生长期蛋白质的需要量应包括维持需要在内，维持部分随体重的增加而增加；而构成单位重量新组织的需要量，则随年龄和体重的增加而减少。

生长幼犬每千克体重每天约需蛋白质9.6g，用公式表示：

$$蛋白质需要量(CP)=9.6W^{0.75}(g/d)$$

能量和蛋白质之间存在一个比例关系,称为蛋白质能量比(简称蛋能比),其含义为每兆焦代谢能所含粗蛋白的克数。

生长犬最适宜的蛋能比为:断乳后 3 周蛋能比为 11.8%,3～4 周为 9.6%,至生长中期为 7.6%。

c. 矿物质和维生素的需要:幼犬在生长阶段,骨骼的增长很快,骨盐沉积较多,故生长期钙、磷需要量很大,维生素 D 与钙、磷的吸收和利用密切相关,也是生长期骨骼生长所必需的。幼犬对矿物质和维生素的需要量见表 4-7。

表 4-7 幼犬对矿物质和维生素的需要量

矿物质种类	日需要量	维生素种类	日需要量
钙	484mg	维生素 A	220 IU
磷	396mg	维生素 D	22 IU
钾	264mg	维生素 E	2.2 IU
氯化钠	484mg	核黄素	96 μg
镁	17.6mg	硫胺素	44 μg
硒	4.48 μg	烟酸	500 μg
铁	2.64mg	叶酸	8.0 μg
铜	0.32mg	泛酸	440 μg
锰	0.22mg	维生素 B_6	44 μg
锌	2.20mg	维生素 B_{12}	1.0 μg
碘	0.068mg	生物素	4.4 μg
		胆碱	52mg

② 妊娠期犬的营养需要:母体妊娠后,甲状腺和脑下垂体等一些内分泌腺的分泌功能加强,胎儿的生长发育对养分的需要量不断增加,从而使母体的物质和能量代谢明显提高,在整个妊娠期间,母体的代谢率平均增加 11%～14%,妊娠后期增加的幅度更大,可达 30%～40%。妊娠母体内具有较强的贮积营养物质的能力。在饲喂同样饲粮条件下,妊娠母体的增重高于空怀母体,这种现象称为妊娠期合成代谢。妊娠母体的增重内容为胎儿生长、子宫及其内容物、乳腺及母体增重等。妊娠前期胎儿生长缓慢,中期生长逐渐加快,后期生长最快;胎儿重量主要在妊娠后 1/3 或 1/4 时期增长;子宫及其内容物的增长速率与胎儿生长速率同步,前期慢,后期快。妊娠犬的营养需要特点是妊娠后期比前期需要多,妊娠的最后 1/4 阶段是最重要时期;妊娠母犬的基础代谢率高于空怀母犬,在妊娠的后期提高 20%～30%。

a. 能量需要:在妊娠前 5 周,妊娠犬的能量需要采用略高于维持期的代谢能即可,到了第 6、7、8 周,需要量是在维持的基础上分别增加 10%、20% 和 30%;妊娠后期代谢能量需要约为每千克代谢体重 786.6kJ,即 $786.6kJ/W^{0.75}$。

b. 蛋白质需要:妊娠期的蛋白质需要高于维持期需要,但低于泌乳期需要。妊娠后期,每千克代谢体重需要可代谢蛋白质 5～7g。在确定母犬妊娠期蛋白质需要时,须注意的是蛋白质需要是与能量的需要平行发展的,在正常情况下妊娠母犬利用蛋白质效率高于空怀母犬,对蛋白质的需要在最后 1/3 时期急剧增长,同时提供能量,防止蛋白质的不足和浪费。

c. 矿物质和维生素的需要:妊娠期母犬日粮中,钙磷比为 1.1∶1～2∶1;其他矿物质元素和维生素略高于维持期的量,低于哺乳期的需要量。

③ 种公犬的营养需要:日粮中各种营养物质的含量,无论对幼年公犬的培育还是成年公犬的配种能力都有重要作用。

a. 能量需要:能量供给不足,对幼年公犬的育成或成年公犬的配种性能均会产生不良影响;反之,如能量供应过多则会造成种公犬过肥,其危害性更为严重。通常,种公犬的能量需要按其维持需要量的基础上增加 20% 左右。

b. 蛋白质需要:种公犬日粮中若蛋白质不足,会使公犬的射精量、总精子数量显著下降。因此,配种旺季可在维持的基础上增加 50%。

c. 钙磷的需要:日粮含钙 1.1%,磷 0.9%,一般可满足种公犬的需要。

d. 维生素的需要:维生素 A 与种公犬的性成熟和配种能力有密切关系。维生素 A 在体内有一定贮备,一般不致缺乏,每千克体重约需 110IU;长期缺乏维生素 E 时,亦可导致公犬睾丸退化,每千克干饲料中含 50 IU 可满足其需要。

④ 哺乳期母犬的营养需要

a. 能量需要:泌乳犬在哺乳期的第 1 周,代谢能需要量为维持期的 1.5 倍（$1.5 \times 141 W^{0.75}$）,即增加 50%;在第 2 周增加 100%;在泌乳的第 3~5 周达到高峰,代谢能需要量是维持状态的 3 倍,之后逐渐下降。哺乳期母犬每千克代谢体重（$W^{0.75}$）需要代谢能 470kcal。

b. 蛋白质需要:哺乳期母犬,每天每千克代谢体重（$W^{0.75}$）蛋白质需要量为 12.4g。

c. 矿物质和维生素需要:哺乳期母犬的矿物质和维生素营养是维持期需要量的 2~3 倍。每天每千克体重的摄入量等于或超过生长幼犬的摄入量。

⑤ 工作犬的营养需要:主要指军犬、警犬(包括训练期)的营养需要。

a. 能量需要:对已成年的工作犬,每天每千克代谢体重所需代谢能在维持基础上再增加 100%。生长发育的未成年犬在紧张训练时,每天每千克代谢体重需要代谢能在维持基础上再增加 200%。

b. 蛋白质需要:成年工作犬蛋白质需要在维持的基础上增加 50%~80%。未成年训练犬则在维持基础上增加 150%~180%。

c. 矿物质和维生素需要:成年工作犬对于矿物质和维生素营养需要无特殊要求。未成年训练犬对矿物质和维生素的营养需要同生长幼犬的需要一致。

4. 猫的营养需要

（1）维持需要

① 能量需要:猫摄入的能量用以维持猫的新陈代谢和体温。猫需要的能量可根据猫的体重和年龄计算出来。猫因年龄、生理状况和周围环境温度不同,对能量的需要也不一样(见表 4-8)。

表 4-8 猫每天需要的能量

年 龄	体重 /kg	每千克体重每日需要代谢能 /MJ	每日需要的总代谢能 /MJ
初 生	0.12	1.60	0.19
1~5 周龄	0.5	1.05	0.53
5~10 周龄	1.0	0.84	0.84
10~20 周龄	2.0	0.55	1.10

续表

年　龄	体重/kg	每千克体重每日需要代谢能/MJ	每日需要的总代谢能/MJ
20～30周龄	3.0	0.42	1.26
成年公猫	4.5	0.34	1.53
妊娠母猫	3.5	0.42	1.47
泌乳母猫	2.5	1.05	2.63
去势公猫	4.0	0.34	1.36
绝育母猫	2.5	0.34	0.85
老年猫	—	0.80	—

处于生长发育阶段的幼猫，每天代谢能的需要量随年龄的增长而下降。5周龄的幼猫，每千克体重每天需要能量为1.05MJ，30周龄时每千克体重只需要0.42MJ。成年猫对维持体重的能量需要减少更多，尤其是去势猫，如不注意控制食量，很容易发胖。妊娠期母猫需要增加维持能量，哺乳母猫需要能量更多。哺乳高峰时，每天每千克体重可超过1.05MJ代谢能，此时即使饲喂不限量的合理配方饲料，母猫体重也会有下降的趋势。

② 蛋白质需要：猫需要含高蛋白的饲料，动物性蛋白通常要比植物性蛋白更适合猫的需要，可满足猫对营养物质的需求，维持身体健康。饲喂成年猫的干饲料中，蛋白质含量（以干物质计）不应低于25%，生长发育期的幼猫不应低于28%。

③ 矿物质需要：成年猫每天矿物质需要量见表4-9。

表4-9　成年猫每天矿物质的需要量

矿物质种类	钠	氯化钠	钾	钙	磷	镁	铁	铜	碘	锰	锌	钴
日需要量	20～30mg	1000～1500mg	80～200mg	200～400mg	150～400mg	80～110mg	5mg	0.2mg	100～400μg	200μg	250～300μg	100～200μg

注：钠为最小需要量；肉和鱼中含有适量的钾；镁在食物中常大量存在；铁应从血红蛋白中获得；碘在肉中缺乏。

④ 维生素需要：成年猫每天对各种维生素的需要量见表4-10。

表4-10　成年猫对各种维生素的需要量

维生素种类	日需要量	维生素种类	日需要量
维生素A/μg（或IU）	500～700或1500～2100	维生素B_6	0.2～0.3mg
维生素D/IU	50～100	生物素	0.1mg
维生素K	肠道可以合成	叶酸	0.1mg
维生素E	0.4～4.0mg	维生素B_{12}	0.003mg
维生素B_1	0.2～1.0mg	胆碱	100mg
维生素B_2	0.15～0.20mg	肌醇	10mg
烟酸	2.6～4.0mg	维生素C	能代谢合成
泛酸	0.25～1.00mg		

（2）不同生理阶段猫的营养需要

①幼猫生长的营养需要：幼猫生命的前几周完全依靠母乳，无需另加食物。发生母乳不足，则应供给母乳替代品，应选配方乳制品，人工辅喂，昼夜 24h 分次供应。从 3～4 周龄时起，加入半固体食物逐渐过渡到 6～9 周龄时离乳。幼猫一旦断奶，则不再需要乳汁。随着幼猫消化道的发育，对乳糖的消化能力逐渐减弱，成年猫则不能消化乳糖。幼猫的营养需要主要用于维持和机体组织生长。幼猫生长期营养需要量见表 4-11。

表 4-11 幼猫生长期营养需要量

营养物质	日需要量（以干物质计）/%	营养物质	日需要量（以干物质计）/%
蛋白质	35～50	磷	0.6～1.4
脂肪	18～35	钙磷比	1∶1～1.5∶1
DHA	≥0.004	钾	0.6～1.2
钙	0.8～1.6		

② 妊娠期母猫的营养需要：妊娠期母猫为维持增重需要，妊娠期间对食物和能量的摄取均增加，摄取能量的增加紧随体重的增加而变化。以体重为基础，就能量摄取来说，从成年的维持需要量为每千克体重 250～290kJ 增加到妊娠期的每千克体重 370kJ。妊娠动物对营养缺乏或过剩更具敏感性，所以此时的日粮更应精心调节，如钙磷比例更需严格控制，因为仔猫骨骼发育的最早期在子宫内就开始了，同时蛋白质的需要量也稍高。妊娠期推荐自由采食。

③ 哺乳期母猫的营养需要：猫的泌乳期是对营养需要的最大考验，母猫不但自身需获得营养，还必须为仔猫提供乳汁。仔猫出生后前 4 周营养需要来源于母乳，因此母猫在哺乳期能量需求远远大于妊娠期，泌乳高峰期在分娩后 5～6 周，需要 2.5～3 倍的代谢能。哺乳期推荐使用全价、均衡、高能量和易消化的商品粮，自由采食。

④ 种公猫的营养需要：种公猫在非配种季节按一般成年种猫的维持饲养即可，但在公猫配种期间，为了保持旺盛的性欲、高质量的精液，必须加强饲养管理，保证全面的营养供给，这对提高母猫的受胎率、产仔数和仔猫成活率等有极大的关系；特别应注意食物体积较小，质量高，适口性好，易消化，富含丰富的蛋白质、维生素 A、维生素 D、维生素 E 和矿物质。

5. 宠物食品配方的设计方法

饲料配方设计的方法较多，可分为手工设计和计算机设计两大类。最初人们使用较为简单易理解的对角线法、试差法，随着人们对饲料、营养知识的深入，对新技术的掌握，逐渐发展为联立方程式法，比价法等。近年来，随着计算机技术的发展，人们开发出了功能越来越完全、使用越来越简单、速度越来越快的计算机专用配方软件，使配方越来越合理。下面介绍一种简单实用的手工设计方法——试差法，便于学习者理解配方设计的原理和过程。

试差法是一种经验法，先初步拟定一个饲料配方，再计算该配方的营养成分含量，并与饲养标准对照比较，若营养成分含量不足，需进行适当调整配方比例，直到满足为止。配方中营养成分的浓度可稍高于饲养标准，一般控制在 2% 以内。试差法的步骤如下：

① 查饲喂对象的饲养标准。
② 查饲料营养成分表，并列出所用原料的营养成分及含量。
③ 根据设计者经验初拟配合比例。
④ 计算初拟配方营养成分含量（不含矿物质和预混料）。
⑤ 根据初拟配方营养成分含量与饲养标准要求之差额，适当调整部分原料配合比例，使配方中各种营养成分含量逐步符合饲养标准。调整配方的原则是采用相反的对策，例如蛋白质高就用蛋白质低的原料去代替蛋白质高的原料，蛋白质低就选用蛋白质高的原料取代蛋白质低的原料，依次类推。通常首先考虑调整能量和粗蛋白的含量，其次再考虑钙、磷以及其他指标。
⑥ 列出调整后的全价配合饲料的配方组成，并附加说明。

通过以上步骤，可设计出宠物食品的配方，在实际生产中应用。试差法道理简单，容易理解掌握。但是通过试差法配制饲料配方，需要进行多次的配方调整，反复计算，计算量较大。再者，由于配方设计时盲目性较大，所以一般获得的配方营养含量常与饲养标准有一定差异，很难筛选出最佳配方，获得最佳经济效益。

6. 成年犬维持期饲养标准

（1）成年犬最低维持营养需要量 见表 4-12。

表 4-12 成年犬最低维持营养需要量

营养物质	日需要量（以干物质计）/%	营养物质	日需要量（以干物质计）/%
蛋白质	18	水溶性氯化物	0.09
脂肪	5	赖氨酸	0.63
钙	0.6		

（2）犬常见饲料成分及营养价值 见表 4-13。

表 4-13 犬常见饲料成分及营养价值

饲料名称	蛋白质 /%	脂肪 /%	钙 /%	总能 /(MJ/kg)
动物性饲料				
马肉	21.7	3	0.03	4.81
牛肉	20.3	0.3	0.01	12.58
羊肉	16.5	21	0.02	10.99
猪肉	16.7	29	0.01	14.17
兔肉	21	13	0.03	6.77
禽肉	19.6	12	0.01	7.98
牛心肝	17.6	8.5	0.01	5.77
血粉	84	0.4	0.2	20.23
牛乳	3.4	3.7	0.12	2.84
鱼粉	39.3	2.3	4.5	17.81
鸡蛋	12.6	12	0.06	6.94

续表

饲料名称	蛋白质/%	脂肪/%	钙/%	总能/(MJ/kg)
植物性饲料				
小麦粉	12.1	1.8	0.07	16.85
大麦粉	12.4	1.2	0.06	16.13
玉米	8.6	3.5	0.04	16.59
面包	8.7	1.2	0.03	13.33
大米	8.5	1.6	0.06	16.05
燕麦	11.6	5.2	0.15	17.01
高粱	8.7	3.3	0.09	16.55
豆饼	43	5.4	0.32	18.73
小麦麸	14.4	3.7	0.18	16.39
大豆	37	16	0.06	20.48
马铃薯	1.6	0.1	0.02	3.85
胡萝卜	1.1	0.3	0.15	2.05
甜菜	2	0.4	0.06	2.55
包菜	1.6	0.4	0.16	1.3
番茄	1	0.6	0.01	0.88
南瓜	1	0.3	0.04	1.76
菠菜	2	0.2	0.07	0.75
甘薯	1.1	0.2	0.06	4.31
萝卜	0.9	0.1	0.05	1.17
大白菜	1.8	0.2	0.14	1.13
苹果	0.5	0.4	0.01	2.59
橘子	1.2	0.3	0.09	2.68
香蕉	1.1	0.2	0.01	3.55

任务4-4 创意宠物食品制作及推荐

 知识目标

1. 能归纳总结犬、猫食品制作的原则。
2. 能辩证地分析创意宠物食品的优缺点。

 能力目标

1. 能够合理选用原料。
2. 能够根据宠物的营养需要使用简单的原材料搭配制作创意宠物食品。
3. 能够进行创意食品的推荐,并能指导客户科学合理地制作和使用创意宠物食品。

 素质目标

1. 通过创意宠物食品的制作,培养创新意识和创意实践的能力。
2. 通过创意宠物食品的推荐,习得关怀动物、满足顾客心理需求的人文主义精神。

 任务准备

① 参考现有条件,确定一款创意宠物食品的名称及配方(含制作方法)。
② 按照确定好的配方整理出原料采购清单,并进行原料的采购。
③ 准备制作所需的设备及工具。

 任务实施

① 对照配方再次核对原料是否存在犬、猫不能食用的物品。
② 按照配方进行创意宠物食品的制作,同时留好过程视频及照片。
③ 仪器设备和工作环境的清洁和维护。
④ 总结制作过程中存在的问题,并完善配方。
⑤ 将制作过程利用小视频的方式进行成品展示及推荐。

宠物鲜粮的制作——保护视力的南瓜甜椒鸡肉

宠物零食鸡肉干的制作

宠物蛋糕的制作——毛孩子也能吃的红丝绒纸杯蛋糕

任务结果

① 至少制作完成 1 款创意宠物食品。
② 完成成品展示视频。
③ 形成 1 款最终的创意宠物食品配方。
④ 将任务实施过程及任务总结填写在任务 4-4 实施单。

任务评价

任务评价见任务 4-4 考核单。

任务资讯

1. 自制食品的优缺点

自制食品可以根据宠物的品种、体型和用途，随时制作宠物需要的新鲜食品。自制宠物食品食材更新鲜，来源可控，无防腐剂等化学添加剂，可控制过敏原，也是宠物主人情感需要，有助于增加宠物主人和宠物之间的情感交流，但难以制作出营养全价、均衡的食品。需要宠物主人具备专业的营养知识，较强的经济实力，付出较多时间和精力。自制宠物食品常会出现磷和动物蛋白超标、使用人用调味剂、添加生肉、缺乏维生素和矿物质等问题。建议在宠物营养学家的指导下自制食物，否则长期吃对宠物健康不利。

为了提高宠物食品的适口性和利用率，确保食品的营养价值，防止有害物质对宠物的影响，应采用科学的加工调制方法，做到既讲卫生、保营养，又使宠物喜食、易消化和降低成本。

2. 犬、猫食品制作的原则

（1）自制食品最好现吃现做，尤其不宜过夜 特别是夏天，放置过久极易腐败变质，犬、猫采食后易发生饲料中毒或其他疾病。在冬季，食品贮存不当易结冰，犬、猫吃后易发生胃肠炎，妊娠母犬、猫易发生流产。

（2）注意食物生熟 在食品的加工制作过程中，不可把食物煮成半生半熟或烧煳，否则会影响口感，使犬、猫对食品的消化与吸收受到不良影响。

（3）犬、猫不适宜吃的食物

① 巧克力及可可、咖啡和茶：巧克力及可可、咖啡和茶含有可可碱，对犬、猫来说是剧毒，可在极短的时间内导致严重呕吐和腹泻，甚至是致命的心脏病，可可碱致死量跟咖啡因类似。如购买含有绿茶成分的干粮或零食，一定要注意其是否标明去除咖啡因。

② 洋葱、大蒜和大葱：洋葱、大葱含有 N- 丙基二硫化物，它对人体无害，却会破坏猫、犬、羊、马、牛的红细胞，可能引发溶血性贫血，造成一种致命的身体贫血。大蒜中也含有类似物质，含量相对较少，切勿长期或大量食用。

③ 生或熟的肝脏：肝脏对犬、猫适口性较好，但过量食用可引发严重问题。因肝脏中含有大量维生素 A，会引起维生素 A 中毒。肝脏中所含钙少磷多，新鲜肝脏中所含的钙磷比例是 1∶36，使犬不能正常吸收食物中的钙而导致佝偻病。每周不应喂食超过 3 个鸡肝（或对应量的其他动物肝脏）的量。

④ 鸡骨头：鸡骨等禽类的长骨是中空的，咬碎之后非常尖利，会刺入犬的喉咙，或割伤犬的嘴、食管、胃或肠。

⑤ 生鸡蛋：生蛋白含有一种叫卵白素的蛋白质，它会与生物素结合，阻止其被吸收。生物素是犬生长及促进毛皮健康不可或缺的营养元素。此外，生鸡蛋含病原微生物，经加热处理以后可杀灭病菌，而煮熟的蛋则可以提供优良的蛋白质。

⑥ 生肉：生肉中常存在沙门氏菌及芽孢杆菌，生肉中也可能存在寄生虫，要加热处理之后再喂食。

⑦ 牛乳：牛乳中含有大量的乳糖，有些犬对乳糖不耐受，断奶后的猫不能消化乳糖，会出现腹泻、脱水或皮肤发炎等症状。可以选用专门为宠物研制的乳制品。

⑧ 高纤维食品：海鲜类食物以及竹笋、豆类等高纤维食品，犬、猫食用后容易引起消化不良。

⑨ 高糖食品：点心、砂糖等甜食极容易导致肥胖，而且也容易造成钙的吸收不足和牙齿疾病。如有需要，宠物主人可以购买宠物专用点心或无糖蛋糕。

⑩ 高盐食品和香料：通常犬、猫粮中会含有适量的无机盐，不需额外补充。人吃的食品中所含的盐分对犬、猫而言是过量的。香辛料等调味剂会增加肾脏、肝脏的负担，而且会使犬、猫的嗅觉变得迟缓。

⑪ 绿色的番茄和生马铃薯：茄科植物及其枝叶含有配糖生物碱，进入体内会干扰神经信号传递并刺激肠道黏膜，从而导致犬、猫下消化道剧烈不适甚至胃肠出血。生马铃薯以及它的皮，叶和茎也同样是有毒的。

⑫ 葡萄和葡萄干：葡萄会导致犬肾衰竭。虽然此毒性是发生在犬身上，但由于其存在未知潜在毒性，不建议给猫喂食。

⑬ 柑橘皮和萃取柑橘油：误食或长时间接触高剂量萃取柑橘油相关产品，轻微的可造成呕吐和肠胃不适，严重的肝脏不能代谢会导致肝细胞坏死甚至死亡。清洁用品中常见柑橘油成分一定需要注意。

3. 自制宠物食品的注意事项

① 食品原料新鲜干净，有腐败、发霉、变味等情况不宜使用。
② 原料中不能含有对宠物身体有害的食材。
③ 所有食材须加工制熟，尤其是肉、蛋类食材，不能让宠物生食。
④ 若想要长期食用，需对自制宠物食品的各类营养成分进行验证。
⑤ 制作完成后注意仪器设备和工作环境的清洁和维护。

4. 创意宠物食品制作参考案例

（1）蔬菜能量棒（图 4-93）

① 配料：胡萝卜 2 根、鸡胸肉 2 块、纯蛋黄 2 块、低筋面粉适量。
② 制作过程

a. 胡萝卜、鸡胸肉切碎，加入两个纯蛋黄。
b. 加入适量的低筋面粉，搅拌均匀。
c. 揉成比较硬的面团。
d. 把面团切成长条，然后抓住两端扭成麻花形状。
e. 烤盘铺上锡纸，把扭好的面团均匀码放在烤盘上。
f. 烤箱预热，175℃，上下火，烤制 35min，可以根据烤箱条件自行进行调整。

创意宠物食品彩图二维码

（2）纸杯蛋糕（图 4-94）

① 配料：羊乳粉 12g，水 40g，低筋面粉 83g，蜂蜜 10g，鸡蛋 3 颗，土豆泥/红薯泥/紫薯泥 100g，酸乳 20g。

图 4-93　蔬菜能量棒

图 4-94　纸杯蛋糕

② 制作过程

a. 水煮羊乳粉，若有鲜羊乳，需 47g 即可。

b. 蛋黄中加蜂蜜，左右摆动打发蛋黄，注意用力，约 5min，打发至可写"8"字即可。

c. 打发蛋白，打到理想状态，抬起打蛋器，呈现挂钩状。

d. 将打发好的蛋黄加入羊乳里，进行搅拌，备用。

e. 将一勺蛋白加入蛋黄中翻起，将蛋黄加入剩余的蛋白中翻起，将一半面粉加入蛋黄中继续翻，加羊乳继续翻，再将剩余面粉加入，剩余羊乳加入。注意不可翻太久，否则易消泡，加入袋中，备用。

f. 准备好纸杯，一层一层地填充。

g. 放入烤箱中，180℃，烤 20~25min。

h. 制作蔬菜泥（可选土豆泥/红薯泥/紫薯泥），将蔬菜泥 100g，加 20g 酸乳搅拌均匀，备用。

i. 再加工：削尖（将冒出纸杯的蛋糕坯子削掉），加蔬菜泥。

j. 选用可食用食材进行装饰。

5. 创意宠物食品参考配方

（1）**猫的自制食品**（材料参考《熟龄猫的营养学》，作者 Dr.Ellie）　见表 4-14~表 4-17。

表 4-14　鸡肉餐

材料	去皮鸡肉 70g、鸡蛋 1 颗、新鲜鸡肝 25g、西兰花 10g、木瓜 10g、无盐牛油 8g、钙 250mg、锌 3mg	
做法	将油加热后依次放入鸡肉、鸡肝、西兰花、鸡蛋打散后混匀,炒至熟透。 打碎,降温后拌入木瓜与营养品	
营养分析	热量	239kcal
	蛋白质	60%
	脂肪	30%
	总碳水化合物	6%
	膳食纤维	1%
	灰分	4%
	钠	0.2%
	钙	0.64%
	钙磷比	1.07

表4-15 牛小排餐

材料	去骨牛小排80g、冬瓜10g、香菜10g、含碘盐0.3g、钙120mg、维生素A 350μg、维生素E 3mg、含碘猫用综合营养品适量	
做法	以50mL水炖煮切块的冬瓜和牛小排。 熟透后混入少许盐。 打碎,降温后拌入营养品	
营养分析	热量	237kcal
	蛋白质	45%
	脂肪	47%
	总碳水化合物	5%
	膳食纤维	1%
	灰分	3%
	钠	0.30%
	钙	0.36%
	钙磷比	1.05

表4-16 鸭胸餐

材料	鸭胸肉80g、奶酪20g、西芹叶5g、无盐牛油8g、钙210mg、锌1mg、叶酸5μg、维生素C 3mg、维生素A 300μg、维生素E 1mg	
做法	将油加热后放入鸭胸肉,煎熟后起锅。 打碎,降温后拌入切碎的西芹叶、奶酪与营养品	
营养分析	热量	192kcal
	蛋白质	58%
	脂肪	37%
	总碳水化合物	2%
	膳食纤维	0%
	灰分	4%
	钠	0.4%
	钙	0.69%
	钙磷比	1.02

表4-17 菲力牛排餐

材料	菲力牛排90g、猪肝20g、鸡蛋1颗、西兰花15g、鱼油1茶勺、钙300mg
做法	将油加热后放入牛排,煎至半熟。 加入剁碎的猪肝、西兰花,炒熟。 沸水将鸡蛋煮熟。 打碎降温后拌入营养品

续表

营养分析	热量	285kcal
	蛋白质	55%
	脂肪	38%
	总碳水化合物	3%
	膳食纤维	1%
	灰分	4%
	钠	0.22%
	钙	0.65%
	钙磷比	1.13

（2）犬的自制食品（材料参考《TOP1宠物营养师的健狗饭》，作者金泰希） 见表4-18～表4-21。

表4-18 甜菜花菜蛋包饭

材料	甜菜根10g、西兰花20g、菜花20g、鸡蛋3颗、米饭50g、海带汤10mL
做法	将西兰花和菜花切成1cm大小，并将其他食材准备好。 将切好的西兰花和菜花与米饭、鸡蛋和海带汤放入碗中，均匀搅拌。 将混好的食材放入微波炉加热5min。 将打碎的甜菜根切丝放在煮熟的蛋包饭上，即可食用

表4-19 番茄鲜鱼烩饭

材料	鲜鱼150g、番茄30g、西芹叶10g、甜椒20g、豆浆100g、五谷杂粮饭20g
做法	将番茄、西芹叶和甜椒切成小块。给鲜鱼剔除鱼刺。 除西芹叶外将所有食材加入豆浆中，倒入锅内煮5min。 食材煮熟后倒入盘中，并加入五谷杂粮饭，最后将西芹叶放在上面装饰

表4-20 扁豆生菜沙拉

材料	扁豆60g、青笋20g、豆腐100g、干香菇10g、黑木耳20g
做法	将扁豆泡水6h，豆腐水沥干打碎，青笋洗干净后用手撕成小块。 黑木耳和干香菇用水泡开，切成小块备用。 水煮开后将香菇和木耳放入烫熟，放凉备用。 将所有食材放入碗中，均匀混合即完成

表4-21 椰奶鸡肉螺旋面

材料	螺旋面50g、鸡胸肉150g、西芹20g、甜椒20g、椰奶50g
做法	将西芹、甜椒和鸡胸肉洗净切成1cm大小。 在平底锅中倒入椰奶和鸡胸肉，煮熟，放凉。 用开水将螺旋面煮熟后捞起。 将所有食材放入碗中，撒上西芹末和甜椒末即完成

6. 创意作品欣赏

创意作品见图 4-95~图 4-98。

图 4-95　营养磨牙棒

图 4-96　胡萝卜鸡肉卷

图 4-97　紫薯月饼

图 4-98　披萨饼

创意作品
彩图二维码

项目五

宠物营养调控

任务 5-1

宠物处方食品推荐

🐾 知识目标

1. 能归纳宠物处方食品的分类，并能列举 10 种常见宠物处方食品。
2. 能够列举宠物处方食品的功能。

🐾 能力目标

1. 能够根据宠物身体情况为其合理选择宠物处方食品。
2. 能够向客户推荐宠物处方食品。

🐾 素质目标

1. 通过为宠物选择合适的宠物处方食品，培养综合分析问题、解决问题的能力。
2. 在为客户推荐宠物处方食品的过程中，传递科学饲喂的理念，提升综合表达能力。

🐾 任务准备

情景：您是宠物医生助理，请协助医生为顾客的宠物犬选择适合的处方食品并进行推荐讲解。

① 准备病例犬、猫 2 只或案例 2 例（可搜集现实案例或通过知网等平台搜集已发表的相关病例论文），真实犬、猫得注意整理好相关的检查结果。

② 准备 10 款以上市面上销售的宠物处方食品，图片代替也可。

③ 进行角色分工。

🐾 任务实施

① 病例分析，根据犬、猫的临床体格检查和实验室检查情况，对犬、猫的体况进行综合分析，或根据病例记录对犬、猫的情况进行分析，重点在于分析主要的病理异常状态。

② 选择处方食品，根据案例分析，特别是主要病理异常的分析，结合处方食品的主要调理功能，选择适合的处方食品。

③ 沟通确定，与宠物医生沟通确定是否合适。

④ 推荐（模拟推荐）处方食品，向宠物主人进行推荐，详细讲解选择此款处方食品的原因。

⑤ 待宠物主人确定选择之后，讲解换食方法、饲喂指南、使用注意事项等，指导宠物主人进行科学的饲喂。

带你认识宠物处方食品

任务结果

① 完成至少 2 只病例犬、猫或 2 个案例犬、猫宠物处方食品的选择及推荐。
② 将任务实施过程及任务总结填写在任务 5-1 实施单。

任务评价

任务评价见任务 5-1 考核单。

任务资讯

1. 处方食品的定义

处方食品，既具有辅助治疗疾病的功能，又具有一般食品的营养功能，即以控制营养的方式来辅助管理疾病的一类食品。绝大多数处方食品并不能单独作为药物用来防治宠物的疾病，有部分处方食品可以单独用于疾病预防及治疗。处方食品能最有效地配合药物和其他方法控制和治疗宠物疾病，能维持和调理康复宠物所需的营养和需求。处方食品必须在宠物医生的指导下使用。

2. 宠物处方食品的功能

（1）减少疾病导致的机体负担 宠物生病之后，食欲有所下降，进食不够会导致肌肉丧失，体内器官功能减退。使用处方食品可以减少疾病导致的机体负担，帮助它们加快康复。如患肝病的犬，配合服用肝病处方食品，可以减少因肝脏功能变差而导致的有毒代谢产物堆积，从而降低了肝脏的负担，帮助肝脏休养生息，也进一步减少了疾病的并发症，如肝性脑病、铜蓄积等。

（2）减少药物用量 患有肝病、糖尿病等疾病的宠物，需要使用药物控制疾病的进程，而药物往往会带来一些副作用。使用处方食品进行食物管理，一定程度上可以减少用药量。如患糖尿病的犬，使用高蛋白、低碳水化合物以及适量纤维的处方食品，可以辅助维持血糖，减少胰岛素的用量。

（3）缩短治愈时间 临床上对患病宠物进行药物或手术治疗的同时，配合使用处方食品加快康复的病例很多。因为食物可以帮助控制疾病，医生才有机会对宠物的身体状况进行综合调整，缩短治愈时间。

（4）控制或延缓复发情况 某些疾病在治愈后，若饮食调理不当，复发的概率非常高，处方食品能有效地降低复发率。例如，一些患尿结石的犬，手术后都可能快速复发。而根据尿结石形成原理配制的泌尿道处方食品，可以减少导致结晶的元素，调节尿液酸碱度，调节钠含量使犬主动增加饮水量。

（5）延缓病情发展 对于某些不可逆的慢性疾病，如慢性肾病等，使用处方食品可以延缓肾衰竭的进程，从而延长宠物的寿命。

3. 宠物处方食品的种类

宠物处方食品的种类很多，包括疾病康复期处方食品、过敏性处方食品、消化系统疾病处方食品、肥胖症处方食品等。

（1）疾病康复期处方食品

① 适应证：各种疾病引起的厌食、虚弱、手术后或产后的恢复阶段。

② 特点：高能量密度、高质量蛋白质和丰富的维生素、矿物质等，有助于机体增强免疫力和抗病力，以及病后身体的恢复。类型有干粮、罐头以及液体等。

③ 注意事项：机体恢复正常后，应停止使用，健康动物使用有发胖风险。

（2）预防食物过敏的处方食品

① 适应证：由于食入某些种类食物或食物成分引起的皮肤瘙痒、腹泻（甚至带血）、呕吐，多为慢性病史。

② 特点：由于蛋白质是主要的致敏成分，所以对蛋白质进行水解处理形成低分子多肽后，可以有效防止机体识别过敏原，从而降低食物过敏的概率。同时添加二十碳五烯酸（EPA）和二十二碳六烯酸（DHA）的 Ω-3 长链脂肪酸，减轻皮肤的炎症反应，并修复动物受损的肠道黏膜。大量的生物素、烟酸、泛酸和锌结合使用可减少皮肤的跨膜失水率，增强皮肤的屏障效应。低聚果糖（FOS）有助于平衡胃肠道微生物菌群，同时保护肠黏膜。这种处方粮不含麸质和乳糖。

③ 注意事项：一旦怀疑食物过敏或食物不耐受，应不经任何食物过渡，立即更换犬粮。宠物将终身饲喂控制过敏的处方粮，而且不能同时食入其他食物成分，包括咬胶、零食等。

（3）消化系统疾病处方食品

① 适应证：急慢性胃肠道炎症、急慢性胰腺炎、肝胆疾病。

② 特点：含有高度易消化蛋白质、益生元（甘露寡糖和低聚果糖）等最大限度保证消化安全性。低脂肪含量能改善病理性高脂血症并减轻胰腺炎患犬的胰腺负担。食物中的纤维含量也做了适当调整，分为可溶性纤维和不可溶性纤维，前者对于增加粪便含水量、调节肠道内水合状态以及增加饱腹感等有帮助，所以经常用来对抗猫便秘，而不可溶性纤维对于调节肠道运动有很大帮助，所以经常用来辅助管理犬的大肠性腹泻。具有协同效应的抗氧化复合物能减少氧化应激并抵抗自由基的侵害。

③ 注意事项：怀孕期、哺乳期禁食。饲喂持续时间应由兽医根据胃肠道病情的发展程度而随时调整。

（4）减肥处方食品

① 适应证：超重及肥胖，预防由肥胖继发的关节疾病、糖尿病等。依超重情况和体重变化情况决定并随时调整饲喂量。每星期最佳减重为体重的 1%～3%。

② 特点：高蛋白含量有助于减少肌肉损失。高纤维控制能量的摄入量，同时增加宠物的饱腹感。肥胖宠物的关节经常受到较大的压力，硫酸软骨素和葡萄糖胺有助于维持关节的正常功能。减肥处方粮食品含有高营养密度，确保合理、足够的营养供应。

③ 注意事项：一旦达到目标体重，建议调整饲喂量继续饲喂减肥处方粮，防止反弹，保持最佳体重。怀孕期、哺乳期、成长期宠物禁食。如有严重的关节疾病、心血管疾病以及糖尿病，建议同时介入其他相应治疗措施，必要时更换相应的处方粮。

（5）糖尿病处方食品

① 适应证：糖尿病。

② 特点：高蛋白水平能够稳定全天血糖同时避免肌肉含量丧失，低碳水化合物能够尽量稳定餐后血糖，中等能量密度能够控制体重，预防肥胖。

③ 注意事项：怀孕期、哺乳期、成长期的宠物禁食。糖尿病处方粮不能代替胰岛素发挥作用，但是能一定程度辅助胰岛素控制血糖。

（6）心脏病处方食品

① 适应证：心脏病患病动物、高血压症等。

② 特点：多酚帮助血管扩张，中和自由基。适度控制钠含量，减少钠水潴留的程度。钾、镁含量调整为最适临床水平。适度的磷含量，可以保持肾脏的健康及功能正常。L-肉碱和牛磺酸是维持心肌细胞功能的必需物质，它们可增强心脏的收缩功能。

③ 注意事项：妊娠期、哺乳期、生长期的宠物禁食。患有胰腺炎或有胰腺炎病史的宠物禁食。低钠血症、高脂血症宠物禁食。一旦出现心脏病症状应立即开始饲喂这种处方食品。患病宠物终身饲喂，饲喂过程中需要定期监测血钠含量。

（7）肾脏病处方食品

① 适应证：急慢性肾病。预防需要碱化尿液来防治复发的尿石症，如尿酸盐结石和胱氨酸结石。

② 特点：限制食物蛋白质含量，减少肾性蛋白尿的程度，同时减轻氮质血症的不良影响。为了减缓由于肾性高血磷继发的甲状旁腺功能亢进的发生，限制了食物磷的含量。为了应对肾病经常出现的代谢性酸中毒，食物中添加了碱化成分。高能量密度能够弥补慢性肾病带来的恶病质发展。调整了食物的适口性，应对肾病动物的食欲下降甚至废绝。额外添加 Ω-3 脂肪酸有抗炎作用，延缓肾小球滤过率的进一步恶化。

③ 注意事项：怀孕期、哺乳期、生长期、高脂血症、胰腺炎和胰腺炎病史的宠物禁食。慢性肾病患宠将终身饲喂肾脏处方粮同时需要定期复查，并积极治疗。

（8）泌尿道处方食品

① 适应证：膀胱炎（无菌或细菌性），溶解鸟粪石（磷酸铵镁结石），预防鸟粪石、草酸钙结石的复发。

② 特点：针对鸟粪石的泌尿道处方粮，食物中含有酸化尿液成分，有效溶解鸟粪石，同时抑制细菌增殖。降低了镁含量、去除维生素 C 的添加，尽量减少形成结石的原料。针对胱氨酸和尿酸盐结石的泌尿道处方粮，含有碱化尿液的成分，同时控制了蛋白质的含量，减少结石形成的概率。所有种类的泌尿道产品都适度调整了食物中钠含量，从而大大降低尿液饱和度，防止大量结晶聚集形成结石。

③ 注意事项：怀孕期、哺乳期、生长期禁食。如犬患了尿结石，但不同的尿结石需要吃的处方食品也不一样，开方不正确就没有效果。溶解鸟粪石尿结石和治疗泌尿道感染需要饲喂该处方粮 5～12 周。对于尿道感染者，在尿液细菌学分析得到阴性结果后，还应该至少饲喂 1 个月。对于易复发病例，必须定期复查。

（9）维护犬关节灵活处方食品

① 适应证：有助于维持成年犬关节的灵活性。尤其适用于超重或肥胖的中、大型及巨型犬，运动量大、工作犬及经常负重的犬也建议使用。

② 特点：绿唇贻贝提取物，富含软骨前体，有助于维持关节健康。高含量 EPA/DHA，为维持关节健康提供额外的帮助。适量的能量密度帮助维持理想体态，缓解体重过重引起的关节压力。抗氧化剂复合物专利配方，减少自由基对关节的损伤。适当的能量密度有助于维持动物良好体型，降低发胖概率。

③ 注意事项：6 月龄以下的宠物禁食。饲喂 6～8 周后可见到明显改善。宠物将需要终身食用关节灵活性处方粮。

4. 宠物处方食品使用注意事项

① 处方食品一般不能单独用来治疗宠物的疾病，其只是在疾病的治疗过程中从营养角度起到辅助宠物康复的作用。虽然处方食品是为配合宠物医生治疗疾病的需要而推出的食品，但实际上，处方食品并不含有药物成分，一般也不会与药物产生拮抗或其他不良影响。

② 处方食品仅在宠物医院销售，不能由宠物主人自行购买和使用，必须经过宠物医生的评估和指导；尤其是同时患有多种疾病的病例，选择粮食需要根据疾病轻重缓急来选择相应的处方粮，更不可混用处方粮。

③ 在使用处方食品时，首先要确诊宠物所患疾病，根据需要正确选择，才能使宠物得到最好的治疗和最佳的营养管理。对于一些慢性病例，比如慢性肾病、心脏病、炎性肠病等，一般需要长期甚至终身食用并配合定期复查。对于急性病例，可以酌情使用并巩固一段时间，比如皮肤的寄生虫感染，对皮肤造成严重的损伤，此时需要首先驱虫，同时短期配合皮肤病处方粮，能够使受损的皮肤和毛发尽快恢复，可以不长期使用。

④ 在使用处方食品的过程中，宠物主人要坚决遵照医嘱并做好细心护理。有些处方食品不能和其他食物共同使用，否则会影响处方食品的效果，比如低过敏性处方粮、泌尿道处方粮等。有些可以配合其他营养补充剂或食物，但需遵医嘱，比如皮肤病处方粮、消化道处方粮等。

肥胖犬、猫饲养方案制定

 知识目标

1. 能分析对比肥胖犬、猫存在的风险因素。
2. 能归纳总结运用肥胖宠物的饲养管理原则。

 能力目标

能够根据肥胖犬、猫的实际体况为其制定饲养方案。

 素质目标

1. 通过为肥胖犬、猫制定有针对性的饲养方案,培养分析问题、解决问题的能力。
2. 通过对肥胖宠物减重过程的跟踪,培养指导客户科学饲养的能力。

 任务准备

① 准备1只肥胖犬、1只肥胖猫。
② 归纳提炼减肥期间宠物营养素的需求特点。

 **任务实施**

① 利用5分制评分方法对肥胖犬、猫进行体况评分。
② 对肥胖犬、猫进行评估,重点关注以下信息:饲喂方式、饮食习惯、有无讨食行为、饲喂零食情况、运动情况,并分析导致该犬、猫肥胖的原因。
③ 根据上述评估结果为肥胖犬、猫制定饲养方案,包括饲喂方式、饮食、运动、零食等因素。
④ 执行饲养方案,并对肥胖犬、猫减重过程进行跟踪;做好过程记录,并进行影像记录(照片要求拍摄俯视和侧视角度),可选取一段时间进行前后对比,例如实施减肥计划第1天和第14天比较,建议坚持一段时间进行多次比较。
⑤ 根据减重情况对饲养方案进行调整。

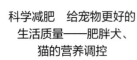

科学减肥 给宠物更好的生活质量——肥胖犬、猫的营养调控

任务结果

① 完成1只肥胖犬、1只肥胖猫饲养方案的制定,并执行饲养方案至少1周。

② 对在执行过程中发现的问题，进行总结分析，调整形成最终饲养方案。
③ 将任务实施过程及任务总结填写在任务 5-2 实施单。

 任务评价

任务评价见任务 5-2 考核单。

 任务资讯

1. 肥胖的分类

肥胖是一种体内脂肪累积过多的状态，可能引起各种各样的疾病。在动物的所有生命阶段中，适当的体重管理都是健康管理与饮食管理中不可或缺的一项。肥胖程度可根据体况评分（BCS 5 分制）与体脂肪率来进行分类（表 5-1）。

表 5-1　肥胖犬（猫）计算评估理想体重

体况分数	与理想体重的差异情况	计算
3	100% 理想体重	理想体重
4	20% 体重超标	现有体重 /1.2
5	40% 体重超标	现有体重 /1.4

2. 犬、猫肥胖的主要表现

体重增加，体脂肪增加，不想动，走路左右摇晃，呼吸困难等。理想和超重犬对比见图 5-1。

3. 犬、猫肥胖的主要原因

过量饲喂、缺乏运动、代谢紊乱以及患某些疾病等是导致宠物肥胖的主要原因。

（1）摄取能量增加　饮食过多、零食、压力、让宠物自由采食适口性高的干饲料、食欲增加（结扎后、使用类固醇等药物、内分泌异常等）均会增加肥胖的概率。

（2）消耗的能量减少　运动不足、结扎后、高龄、骨骼关节方面的疾病等会导致宠物消耗的能量减少，因此导致肥胖。

（3）遗传（易胖体质）

① 易胖体质犬的品种：拉布拉多犬、喜乐蒂牧羊犬、可卡犬、迷你雪纳瑞犬、腊肠犬、吉娃娃犬、八哥犬等犬种。

② 易胖体质猫的品种：无特定猫种，但基本上纯种猫有比较容易发胖的倾向。

4. 肥胖的风险

（1）诱发各种疾病　肥胖会诱发糖尿病、高脂血症、心脏病、泌尿道结石、关节炎、器官塌陷等疾病。

（2）增加手术时的风险　不易进行麻醉、不易进行手术、组织恢复速度变慢等。

（3）增加怀孕时的风险　发情期紊乱、受孕率下降、难产等。

理想体重的犬

☑ **运动**
它享受嬉戏、奔跑和在公园里玩耍。它的关节灵活性很强,肌肉张力状态也很好,呼吸与循环系统运作非常顺畅

☑ **关节**
它无需负担多余的体重,所以关节也无需承担过多的压力。它敏捷又灵活,可以自由移动,不受疼痛或不适的影响

☑ **心脏**
它的心脏功能没有任何障碍

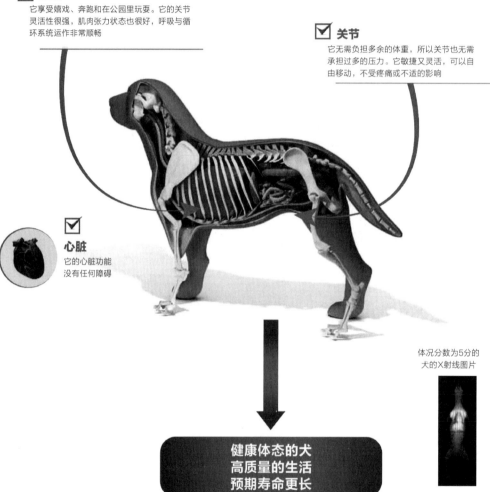

体况分数为5分的犬的X射线图片

健康体态的犬
高质量的生活
预期寿命更长

彩图二维码

超重/肥胖的犬

✗ 运动
即使它自发地想要运动，但在几分钟后它就筋疲力尽了。因为超重/肥胖，腹部堆积的脂肪挤压到了肺部，使它呼吸变得困难。过了一会儿它就不想再运动了

✗ 关节
它的关节因额外的体重而备受压力。渐渐地开始患上骨关节炎和脊椎疾病，以往简单的动作变得困难甚至使它感到疼痛

✗ 心脏
心脏周围会产生一层脂肪，这会阻碍心脏功能。它很有可能患上充血性心力衰竭

✗ 泌尿道疾病
超重/肥胖的犬更易患上尿结石和尿路感染

✗ 气管
颈部多余的脂肪压迫气管这可能会有气管塌陷和喉部麻痹的风险

体况分数为9分的犬的X射线图片

**超重/肥胖的犬
生活质量有所下降
预期寿命也会缩短**

图 5-1　理想体重犬和超重肥胖犬的对比

彩图二维码

5. 肥胖宠物饲养原则

（1）治疗肥胖的原则 主要是降低能量的摄入，同时增加能量的消耗。在减肥初期，选择全价的高纤维、高蛋白、低脂肪食品，可提高宠物饱腹感，维持肌肉含量的同时降低能量摄入，从而达到减肥的目的。当宠物体重达到健康指标后，防止体重反弹，可使用含纤维适中、能量适当的食品。总之，任何减肥计划的基础都是减少能量摄入，同时确保全面摄入营养素来满足宠物需求，单纯减少目前食物的进食量无法达到科学减肥的目的，反而会造成营养不平衡。

（2）自主禁食数天的减肥方法不可取 禁食会引起营养代谢和身体发生一系列的动态变化，比如身体蛋白质含量的显著降低（一般确保机体健康的肌肉量减少不应超过 30%）；对于猫来说可能导致脂肪肝。

（3）严防减肥相关风险 严格实施减肥计划，减肥效果比较明显，但是动物的乞食行为加剧，同时体重反弹也很常见。

6. 减肥期间宠物营养素的需求

（1）能量 减肥期间，减少能量摄入是首要目标，方法有增加食物含水量、增加纤维含量来增加饱腹感，同时降低脂肪含量（能量密度）来减少能量摄入。如果动物已经肥胖，则需要选择具备减肥功能的处方食物。

（2）脂肪 脂肪是肥胖犬、猫食物中限制的主要营养素。因为同等质量的脂肪提供的能量约为蛋白质和碳水化合物的 2.5 倍，具有高消化率（90%），同时也能增加食物的适口性，所以对于肥胖宠物，需要刻意限制脂肪的含量。

（3）纤维 添加纤维是稀释产品能量的一种传统方法。肥胖犬、猫食物中的纤维另一个作用是调节消化系统对某些营养素的消化和吸收过程，比如延缓胃排空时间，降低食糜通过速度，增加肠道转运时间，达到延长两餐间隔时间的目的。纤维包括可溶性纤维与不可溶性纤维，可溶性纤维为可发酵纤维，使粪便含水量增加，也具备一定的增加饱腹感作用，不可溶性纤维同样具有增加饱腹感、调节肠道运动的功能，所以大多数的减肥食物都适当增加了混合纤维的含量。

（4）蛋白质 肥胖犬、猫的减肥不可避免地会带来瘦体重的丧失，所以需要通过食物进行补偿。NRC 的犬、猫每日蛋白质摄入量推荐为猫 $4.96g/kgW^{0.75}$ 或犬 $3.28g/kgW^{0.75}$，食物中粗蛋白的推荐量为 25g/1000kcal 代谢能和 50g/1000kcal 代谢能。减肥产品中的蛋白质含量应相应提高来避免瘦体重的丧失，所以如果宠物每日维持性需求只满足 60% 时，蛋白质的供应量至少应比 NRC 建议值高 90%，以满足需求。按此计算，犬、猫最低值分别为 47.5kg 粗蛋白/1000kcal 代谢能和 95.1kg 粗蛋白/1000kcal 代谢能。

（5）碳水化合物 对健康状态下的肥胖宠物，无明确的碳水化合物推荐值。营养学领域的一个误区是认为碳水化合物容易导致个体肥胖，所以减肥产品中的碳水化合物不能太高。但事实上，肥胖症与能量摄入有关，与碳水化合物的摄入量无直接关系，只是与其类型有关，因为其可影响中长期能量平衡调节过程中的某些激素含量（如胰岛素、瘦素和胃饥饿素）。

7. 注意事项

① 帮宠物减肥需要宠物主人的配合。如果目前的体重与理想体重相距甚远的话，先不要骤然以最终的理想体重为目标，而是可以设定短期目标分几次达成。这样有助于减轻宠物

主人及宠物在减重期间的压力。

② 由于减肥饲料含有丰富的膳食纤维，一旦水分摄取过少时，可能会造成动物便秘。请记得确认宠物的排便情形，并适时调整水分摄取量。

③ 减轻体重比增加体重需要更多的时间，所以平时就要定期为宠物测量体重，这样一旦发现有体重过重的倾向时，就可以尽早矫正回来。

8. 减重期间的零食

约 60% 的宠物主人发现他们的宠物总是或经常讨食，约 69% 猫主人会一直喂猫直到猫停止讨食。对宠物主人和宠物来说，宠物减重期间最大的压力，就是宠物主人过量给予零食和宠物的讨食行为。在这种情况下，需要征求宠物主人的意见，如果宠物主人仍要饲喂零食，可以从静息能（RER）中预留出 10% 的量作为零食的喂食量，同时建议宠物主人选购减重用的零食。犬、猫常见零食比较如表 5-2 和表 5-3。

表5-2　犬常见零食比较

食物类型	数量 /g	能量摄入 /kcal	每日超量摄入能量
狗咬胶	190	699	67%
芝士奶酪	60	243	23%
肉干	65	216	21%
吞拿鱼罐头	178	331	32%
火腿肉	100	164	16%
香肠	56	130	13%

表5-3　猫常见零食比较

食物类型	数量	能量摄入 /kcal	每日超量摄入能量
鲜奶油	25g	96	46%
牛乳	100mL	58	28%
肝脏	25g	30	14%
吞拿鱼罐头	25g	28	13%
火腿片	30g	255	123%
香肠	56g	130	13%

任务 5-3

患病犬、猫的饮食调控

知识目标

能够归纳总结宠物临床常见几种疾病（消化道疾病、皮肤病、心脏病、肾病、胰腺炎、下泌尿道疾病、关节疾病、肝脏疾病）的饮食原则。

能力目标

能够为患临床常见几种疾病（消化道疾病、皮肤病、心脏病、肾病、胰腺炎、下泌尿道疾病、关节疾病、肝脏疾病）的宠物制定饮食调控方案。

素质目标

1. 通过为患病宠物制定饮食调控方案，培养分析问题、解决问题的能力。
2. 通过对患病宠物进行营养调控过程跟踪，培养指导客户科学饲养的能力。

任务准备

搜集 2 例与消化道疾病、皮肤病、心脏病、肾病、胰腺炎、下泌尿道疾病、关节疾病、肝脏疾病相关的病例，可搜集现实案例或通过知网等平台搜集已发表的相关病例论文。

任务实施

① 营养评估：对患病宠物进行疾病状态评估、食物评估和饲喂方式的评估。
② 根据患病宠物的营养需求和营养调控原则制定患病宠物的饮食调控方案。
③ 执行饮食调控方案，并对患病犬、猫进行过程跟踪；做好过程记录及影像记录等。
④ 根据患病宠物跟踪情况对调控方案进行调整。

任务结果

① 完成至少 2 个病例的营养调控方案。
② 对在执行过程中发现的问题，进行总结分析，调整形成最终调控方案。
③ 将任务实施过程及任务总结填写在任务 5-3 实施单。

任务评价

任务评价见任务 5-3 考核单。

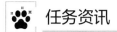 **任务资讯**

1. 消化道疾病犬、猫的饮食调控

（1）消化道疾病动物的营养管理原则 营养和能量密度充足，满足动物的消耗。适口性强，患病动物通常食欲不佳，适口性好的食物能够增加进食欲望。食物内蛋白质的高度易消化性，可以减少食物在肠道中发酵，进一步避免腹泻和菌群紊乱。调节纤维含量，对于上消化道以及小肠疾病，减少纤维含量可增加食物消化率；但对于某些大肠疾病，比如犬的纤维反应性腹泻以及猫的便秘，就需要增加纤维含量。调整食物结构，少食多餐，尽量减少消化道负担，加速胃排空减少呕吐概率。控制脂肪含量，消化道疾病的犬、猫对脂肪耐受性良好，不用刻意减少脂肪含量，但对于胰腺相关疾病的动物，就需要对脂肪进行比较细致的调控。对于呕吐动物，应禁食禁水 12~24h，同时开始药物治疗。待症状稳定，开始少量多餐进行营养管理。如无食欲，可考虑饲管饲喂。对于无法止吐的动物，先考虑肠外营养，并快速过渡到肠内营养。

（2）对于某些比较复杂的慢性消化道疾病，营养需求有一定差异

① 炎性肠病（IBD）

a. 患炎性肠病宠物，其食物的高度易消化性是首要条件。同时，由于炎性肠病的发生原因经常与食物不耐受或食物过敏有关，肠道的任何一个部位均可发病，此时建议首先排查是否存在食物原因，比如将原有食物调整为低过敏性食物，比如新奇蛋白食物或水解蛋白食物等。同时，对于明确的大肠性炎性肠病，还可以考虑高纤维的肠道类食物。比如不溶性纤维的添加可以调节肠道蠕动方式以及肠道内水分的分布。

b. 蛋白丢失性肠病：由于各种肠道疾病（比如炎性肠病，通常是晚期）导致的蛋白质丢失，在选择食物方面除了要保证较高含量的蛋白质摄入以外，蛋白质的高度消化性也是至关重要的因素。同时为了降低蛋白质流失速度，还需要通过降低食物中脂肪的含量来达到降低淋巴管内压力的效果，从而减缓蛋白质的丢失。通常好消化的低脂肪食物作为首选。

② 胃肠道疾病

a. 急性腹泻：主要是由于细菌、病毒、寄生虫等引起的肠炎反应，需要及时将犬带往医院进行救治，同时最好能将犬的粪便收集一些给医生检查，以便尽快找出病因，对症治疗。可以先采取断食断水，密切关注犬的腹泻情况，治疗恢复期如果一天当中不再发生腹泻，就可以稍微给些水和食物来让犬补充体力，若情况持续，需去医院就医。

b. 慢性腹泻：会使犬的消化道黏膜受损，进而会导致消化吸收出现障碍，或出现身体消瘦、体力下降等情况，宠物主人也需要重视起来。日常生活中呵护犬的肠胃，可以适当喂食一些含益生元食物，饮食中给予高度易消化、高能量密度、适口性好的食物。

c. 便秘：这种症状发生在老年犬身上居多，老年犬身体机能减慢，粪便就会经常堆积在肠道内，产生氨、氮，进而加重肝脏负担。此时犬会出现精神萎靡、食欲低下等情况。犬便秘期间要给它们补充更多的水分，选择好消化易吸收的食物进行喂食，可添加一些高纤维类食物，帮助其消化，促进肠道蠕动。

d. 饮食原则：食物适口性好、高度易消化、能量密度高是所有消化道疾病的基础营养需求。对于一般的急性胃肠炎，建议在常规诊疗基础上短期选择易消化、高能量密度和营养密度的食物，少食多餐。对于慢性的消化道疾病，如长期呕吐、腹泻，食物种类的选择需要额外重视。低过敏性的食物通常是首先要考虑的对象。对于某些特定疾病导致的蛋白质丢失，通过降低脂肪含量减缓蛋白质流失速度至关重要。

2. 皮肤病犬、猫的饮食调控

犬、猫和人类相比体型小，单位体积的表面积（=皮肤）比例高，皮肤占体重的15%～20%。皮肤的新陈代谢时间，即犬、猫皮肤生长周期约为21天。皮肤角质层的细胞中间充满了"神经酰胺"这种细胞间脂质，可以防止微生物、粉尘等异物从外部侵入，同时还可以防止体内水分的蒸发。神经酰胺的含量少，会导致皮肤干燥，处于无法抵御外部刺激的敏感状态。而常说的皮肤屏障，就与神经酰胺密不可分。

（1）对皮肤有益的营养元素

① 蛋白质：由于皮肤的角质和被毛是从"角质蛋白"中产生的，所以犬、猫必须从饮食中摄取大量蛋白质。猫摄入蛋白质的30%用于皮毛，其中含硫氨基酸（甲硫氨酸和胱氨酸）属于角质蛋白的主要成分。而决定毛色的黑色素，包括真黑色素（黑、褐色）和褐黑色素（黄、红色）两种，都是由氨基酸中的酪氨酸与矿物质铜共同作用形成的。因此蛋白质及氨基酸对于毛发、皮肤生长和健康以及疾病状态下的修复都至关重要。缺乏蛋白质和氨基酸后，动物皮肤出现皮屑、脱毛、毛发容易断裂、伤口愈合慢及毛发再生长变缓。

② 脂肪和脂肪酸：其中的 Ω-3 和 Ω-6 系列不饱和脂肪酸在皮肤健康中具有重要作用。Ω-3 系列不饱和脂肪酸可以防止皮肤水分流失，维护皮肤完整性，对毛质影响较大。Ω-6 系列不饱和脂肪酸具有抗炎作用，对于皮肤病的炎症状态有较好的预防。缺乏必需脂肪酸后，身体会产生皮屑、毛发无光泽、皮肤增厚、油腻等变化。

③ 维生素：维生素 A 与 β- 胡萝卜素一起调节细胞生长及皮脂产生。B族维生素是重要的维持皮肤屏障完整性的营养素。缺乏维生素时，皮肤皮屑增加，被毛干燥，皮肤干裂，毛囊角质过度。

科学调控给犬、猫穿上"金钟罩"——皮肤病犬、猫的营养调控

④ 矿物质：铜可以维持被毛的颜色，锌在合成胶原蛋白和角质蛋白方面具有重要作用，能够维持皮肤和被毛健康。

（2）常见皮肤病的饮食调控原则

① 对于常见的寄生虫、细菌、真菌感染，皮肤外伤或手术、毛发生长不良等，可以通过补充以上营养重塑皮肤屏障，增加皮肤保水能力，并加速受损伤皮肤和毛发的修复。

② 对于犬常见的异位性皮炎，更要维护好动物的皮肤屏障完整。除了做好环境管理，增加皮肤所需营养和皮肤屏障，可以从根本上提高皮肤的抵抗力，从而缓解过敏程度。

③ 对于食物不耐受或食物过敏引起的皮肤瘙痒，建议首先进行饮食管理，对于继发感染造成的皮肤损伤，可以使用以上提及的皮肤营养物质来加速修复。

3. 心脏病犬、猫的饮食调控

除了使用心脏病药，心脏病动物对食物的需求也很苛刻，应根据心脏病不同发展阶段来调整营养方案。

（1）心脏病动物经历的营养问题

① 能量摄入减少：充血性心力衰竭的动物经常会表现食欲不振，如厌食、食欲下降或食欲改变，这些都会导致食物摄入量减少从而出现体重下降以及肌肉丧失。

② 蛋白质代谢的加强会导致肌肉丧失：肌肉丧失（恶病质）在疾病发展过程中非常常见。无论何种原因导致了能量和蛋白质摄入不足，心衰动物都会出现去脂体质。心源性恶病

质出现的瘦体质可能由厌食、能量需求的增加以及炎性介质生成增加等多种因素共同导致。而这些介质也会导致厌食、能量需求增加以及瘦体质代谢率的升高。

③ 牛磺酸缺乏：牛磺酸在猫扩张型心肌病（DCM）以及很多犬扩张型心肌病病例中扮演着重要角色。牛磺酸缺乏导致的扩张型心肌病目前在猫上并不常见，但是如果猫吃素食、自制食物或是配比有问题的猫粮时一定要考虑牛磺酸摄入问题。一些扩张型心肌病患犬也可能出现牛磺酸缺乏，在某些有患病倾向的品种（例如美国可卡犬、圣伯纳犬、纽芬兰犬以及金毛巡回猎犬）上更加不能忽视这个问题，尤其是食谱为羊肉、米饭、高纤维或低蛋白食物的动物。

④ Ω-3 脂肪酸缺乏：该物质为必需脂肪酸，在控制炎症、免疫功能以及血液动力学方面有良好作用。研究表明，充血性心力衰竭患犬的发病与 Ω-3 脂肪酸缺乏有关系，给予该物质后病情得到纠正。Ω-3 脂肪酸还有抗心律失常的作用。

⑤ 矿物质过量或缺乏

a. 钠异常：心脏病动物由于肾素-血管紧张素-醛固酮系统和其他神经内分泌系统的激活很容易导致钠水潴留。

b. 钾异常：在疾病不同的发展阶段及治疗过程中，心脏病动物经常会出现高血钾（血管紧张素转换酶［ACE］抑制剂或是醛固酮受体拮抗剂）、低血钾（循环利尿剂），也有些动物是正常的血钾水平。

c. 镁异常：高剂量的循环利尿药会增加低镁血症的风险。但是充血性心力衰竭患病动物以及同时有慢性肾病的动物可能会出现高镁血症。

d. 维生素缺乏：还没有发布针对犬的类似研究，但是一项针对心肌病猫的研究表明血清中维生素 B_6 和维生素 B_{12} 的浓度有所下降。

（2）心脏病动物饮食注意事项

① 营养全面：患了心脏病后的动物对食物的喜好发生变化。因此，给提供营养全面、能量充足的食物至关重要，保证合理的能量摄入也是所有疾病发展阶段控制疾病进一步发展的重要目标。

② 供应充足蛋白质：蛋白质就是心肌的重要组成部分，所以确保充足的蛋白质供应必不可少。

③ 补充牛磺酸：心脏病种类很多，某些心脏病由于缺乏牛磺酸而导致，所以食物中补充额外的牛磺酸很有必要。如果猫没有给予常规饮食导致营养不均衡，或者食物来源是不正规的宠物食品制造商，主人也应该咨询兽医更换为营养均衡的、符合国家饲料标准的商业猫粮。给犬补充牛磺酸的好处远不如给缺乏牛磺酸的扩张型心肌病猫补充牛磺酸效果那么明显。然而已经证实给缺乏牛磺酸的犬提供牛磺酸补充剂可以改善临床或心动超声参数，但临床补充效果没有牛磺酸缺乏导致扩张型心肌病的猫效果显著。

④ 补充脂肪酸：最常见的是来自深海鱼油的 EPA 和 DHA，不仅可以增加食欲，还可以改善心血管的功能。推荐在没有并发症（例如食物脂肪不耐受、凝血障碍）存在的前提下，给绝大多数充血性心力衰竭患犬补充 EPA 和 DHA。

⑤ 吃盐有讲究：高钠会使心脏病动物的症状更严重，所以疾病初期要适量控制盐分摄入；到了中期，限盐相对严格；而到了疾病晚期，必须严格限制钠的摄入。很多零食都高钠，选择前要小心评估。

⑥ 补充 L-肉碱：L-肉碱是参与脂肪酸氧化的营养要素，与心肌能量代谢关系密切，人类心脏病与 L-肉碱缺乏有一定关系，而补充这种物质对犬心脏病来说也非常有益，能够帮

助心肌供能。

⑦ 补充抗氧化剂：心脏病发展过程中产生很多对机体有害的自由基，而抗氧化剂例如维生素 E、维生素 C、β-胡萝卜素等能对抗这些有害的自由基从而保护心肌细胞。

营养元素的作用虽然突出，并不意味着所有患肥厚型心肌病（HCM）的猫或是所有慢性瓣膜性疾病（CVD）的犬都需要提供以上所有种类的营养元素，也并不表示对于不同动物要同等水平地提供或是限制相应物质。

（3）营养方案制定　在以上这些因素的基础上针对每个动物制定营养方案。为了更好地制定执行方案，有五个关键步骤：第一，进行营养评估；第二，有针对性地给予营养建议；第三，明确食谱中的所有成分；第四，与主人沟通；第五，每次复查时重新评估之前的方案是否需做调整。

4. 肾病犬、猫的饮食调控

（1）慢性肾病的介绍　慢性肾功能的下降，即肾脏超过自身承受限度后功能继续恶化的状态。肾脏是"解毒"、调节水平衡和内分泌的重要器官，一旦功能持续恶化，就会引起犬、猫的日渐消瘦、食欲变差、呕吐/腹泻、喝水量增加、尿量变大、精神差，甚至舌尖的坏死和脱落等症状，而且也是导致犬、猫寿命缩短的常见疾病之一。简而言之，肾脏功能一旦衰竭，全身器官都会受到牵连，从而出现不同程度的衰竭。慢性肾病多见于中老年犬、猫，猫比犬的发病更普遍，而且跟人的很多疾病一样，有年轻化趋势。随着宠物医院诊疗水平的快速发展，先进诊断技术的不断涌现，慢性肾衰的早筛率和检出率都已大幅提高。早发现、早治疗对于延长慢性肾病动物的寿命，保证生活质量至关重要。目前宠物临床上的透析技术逐渐发展、日趋成熟，但是换肾的普及还有很长的路要走，所以输液、服药、打针都是目前常见的维持手段。做好肾病犬、猫的饮食调控能延长寿命，做不好可能会雪上加霜，因此要吃"对"食物。

（2）肾病食物的优点　肾病食物是针对肾病而研发的特殊食物，与普通食物相比，肾病食物能带来的好处有以下几个方面。

① 延长寿命：科学家试验显示，吃普通食物的患病猫平均寿命仅为 264 天，饲喂肾病处方食物的患病猫平均寿命为 633 天，相比较寿命延长了一倍。

② 降低死亡率：科学家试验显示，饲喂肾病处方食物的患病猫同期尿毒症发生率和死亡率更低。

③ 容易控制异常指标：科学家试验显示，60 只早期肾衰的猫饲喂肾病处方食物 4 周，其肾病相关的血液指标（血磷和尿素氮水平）恢复正常。

（3）肾病食物的特点

① 高能量密度：肾病本身就是消耗性疾病，患病犬、猫的食欲逐日下降，进食量减少，所以选择高能量密度的食物确保了患病犬、猫在进食量不多的情况下也能满足自身能量需求。

② 蛋白质含量适中，同时保证高消化性：蛋白质含量过高、消化率低会给功能恶化的肾脏带来额外负担，引起更为严重的临床症状，比如氮质血症和肾性蛋白尿。

③ 控制食物中的磷含量：试验患猫磷浓度每增加 1.0mg/dL，死亡风险增加 11.8%。肾脏功能衰竭后，无法将体内多余的磷排出体外，高血磷会引发严重问题，比如甲状旁腺激素水平的异常、软组织钙化等，所以必须限制食物中的磷含量。

④ 添加不饱和脂肪酸和抗氧化剂：这些营养元素能够维护肾功能，让其恶化的速度减缓。最常见的就是深海鱼油中的 EPA 和 DHA，还有其他维生素如维生素 E 等。

⑤ 含有碱化成分：患有肾病的犬、猫经常会出现代谢性酸中毒，而食物中通过添加特定

碱化物质来维持机体内的碳酸氢盐浓度，减少因酸中毒引起的并发症。

⑥ 适当提高纤维含量：患有肾病的犬、猫容易出现脱水，脱水后极易引起便秘，以老年猫最常见。食物中添加适量纤维，可以提高大便含水量，改善胃肠道蠕动迟缓的状态，从而缓解因脱水引起的便秘。

⑦ 保证充足的饮水：患有肾病的犬、猫由于肾脏的滤过和浓缩能力下降，机体水合状态被打破，极易脱水，除了使用日常的补液方法，保证充足的饮水量对于控制肾病并发症也大有裨益。罐头食物含水量可达 70% 以上，适口性更佳，也是补水的好方法。但是需要考虑其能量密度能否满足肾病犬、猫对能量的需求。

⑧ 不需要特殊控制食物中钠的含量：除非肾病犬、猫已经出现了高血压或心血管问题，否则不需要特殊控制食物的含钠量。

虽然慢性肾病无法被治愈、并发症多，但通过合适的肾病处方食物，可以辅助延长寿命并最大化地保证患病犬、猫的生活质量。

肾病犬、猫的饮食调控

5. 胰腺炎犬、猫的饮食调控

（1）胰腺炎动物的营养管理原则 在不刺激胰腺分泌的前提下，尽量保证足够的能量和营养素，来支持胰腺的恢复。

（2）营养管理思路

① 对于无明显症状及呕吐的动物：考虑立即开始营养管理，少食多餐即可。

② 对于呕吐动物：禁食禁水 12～24h，同时开始药物治疗。待症状稳定，开始少量多餐进行营养管理。如无食欲，可考虑饲管饲喂。对于无法止吐的动物，先考虑肠外营养，并快速过渡到肠内营养。

（3）犬、猫营养管理方式的差异 由于犬、猫胰腺炎的发病原因不同，营养管理方式也有差异。

① 犬胰腺炎：犬胰腺炎的诱因可以通过调查病史来初步了解。如果是因为偶尔翻了垃圾桶或突然进食大量高脂肪类食物导致单次病发，可通过环境管理并恢复正常饮食结构即可。如果胰腺炎反复发作，即使症状非常轻微，也需要降低食物的脂肪含量。

a. 犬慢性胰腺炎：营养管理相对简单，食物要求低脂、高度易消化、适口性好、能量密度充足。

b. 急性胰腺炎：营养管理时机及方法则需要根据疾病情况来灵活判断。应当同时给予药物（包括但不限于静脉输液、止疼、止吐）以及营养支持。当症状稳定时应尽早且逐步给予肠内营养，营养要点包括食物高度易消化、低脂肪且适口性好。

c. 饮食管理：研究证明绝食会导致肠黏膜厚度及小肠绒毛长度下降，所以在给药 12～24h 开始起效后，患犬应当逐渐恢复饮食。但是为了避免促胰液素及胆囊收缩素刺激胰腺分泌胰液，食物应该以能量、脂类及蛋白质的形式逐步增加，比如第一天的饲喂量仅为正常量的 1/5，每日 2～3 餐。对于伴有轻微症状及呕吐的急性胰腺炎患犬，如果无法进食，可考虑使用鼻饲管。对于中度症状及呕吐的急性胰腺炎患犬，鼻饲管可能会带来刺激导致呕吐，所以胃饲管或者空肠饲管会在保护消化系统完整性及避免过多刺激胃及胰腺方面具有一定优势。

② 猫胰腺炎：猫胰腺炎的发病原因与犬不同，更多为特发性，发生与否受食物脂肪含量的影响不大，但是营养管理仍然在疾病治疗过程中扮演了重要的角色。由于猫厌食超过 3 天即可引发脂肪肝，所以无论症状如何，立即进行营养干预非常重要。胰腺炎患猫的营养要点通常包括以下几方面。

a. 蛋白质要求：常规含量但高度易消化，有些病例甚至需要选择水解蛋白或新奇蛋白。

b. 控制脂肪含量：虽然其不会诱发猫胰腺炎，但是适当控制脂肪含量可以减少对胰腺的刺激。同时由于脂肪还会减慢胃排空速度，促使猫呕吐，所以也推荐适当控制脂肪含量。目前，临床上脂肪含量较低的猫食物通常纤维含量比较高（不易消化），所以更推荐肠道呵护类食物来管理猫的胰腺炎。

c. 碳水化合物要求：因其对胰腺的刺激不强，所以不做特殊要求。

猫急性胰腺炎时，有研究显示使用了鼻饲管、食管饲管以及胃饲管的患猫，饲喂大约相当于脂肪提供的50%卡路里的肠道饮食时，病例都有较好的反应。

d. 猫急性胰腺炎：尽早恢复进食对于提高疾病治疗成功率、降低死亡率有益。犬胰腺炎以低脂肪、高度易消化、能量充足、营养均衡的食物为主，猫胰腺炎以适度控制脂肪含量、高度易消化、能量充足且营养均衡的食物为主，必要时给予低过敏性食物。可自主进食的动物少量多餐，逐渐恢复食量。无食欲的动物必要时给予饲管进行营养管理。

6. 下泌尿道疾病犬、猫的饮食调控

（1）**犬、猫下泌尿道疾病的介绍**　犬、猫的泌尿道分为上泌尿道和下泌尿道。其中上泌尿道包括肾脏和输尿管；下泌尿道包括膀胱和尿道。所谓下泌尿道疾病是特指犬、猫的膀胱和尿道的问题。在犬、猫群体中，下泌尿道疾病的患病率为1%～5%。很多的泌尿道问题可以通过营养调控达到辅助治疗或预防复发的效果。

① 犬、猫下泌尿道疾病病因：可能由不同的病因引发，例如尿结石、膀胱炎、尿路感染、尿道栓塞等，但是临床症状相似。常见症状包括随地小便、尿频、尿痛、排尿困难、尿血、尿闭等。犬的下泌尿道疾病病因中，占比最高的是泌尿道感染，其次是尿失禁和尿结石问题。猫的下泌尿道疾病中，占比最高的是猫特发性膀胱炎（FIC），占比达到三分之二。

② 常见的风险因子包括：室内生活方式、肥胖、特定的品种（如雪纳瑞、比熊、波斯等）、绝育状态、营养不均衡、饮水不足等。

（2）**尿结石的类型**　犬、猫尿结石的分析定性需要在取出结石后，送至实验室做结石成分分析。通常尿结石的类型分为以下三种。

① 单一型：只有一种结石成分类型。

② 复合型：一种主要结石成分类型>70%，其他成分类型<30%。

③ 混合型：几种结石成分类型都有，每种都<70%。

（3）**不同结石成分的营养调控策略**

① 磷酸铵镁结石（鸟粪石）：见图5-2和图5-3。

图5-2　磷酸铵镁结晶

图5-3　磷酸铵镁结石

a. 犬患磷酸铵镁结石的原因及调控策略：犬患磷酸铵镁结石的原因有很多，这些病因直接导致了尿液中镁离子、磷酸根和铵根等含量过高，引发尿液的过饱和。同时，尿液pH偏碱性，也更容易形成磷酸铵镁结石。犬的鸟粪石常常与尿道感染有关，这是因为感染会导致尿液偏碱性，从而改变膀胱内环境。产尿量少，尿液浓缩也会增加鸟粪石的发病率。营养调控需要降低尿液pH值，减少结石成分前体物质的摄入，例如，适度限制镁离子、磷等成分。同时通过调控钠离子来增加饮水量，或使用湿粮产品来获取充足的水分。通过这些调控方式，可以帮助溶解单纯的鸟粪石。如果尿道存在感染问题，营养调控的同时需要进行至少4周的抗生素治疗。

b. 猫患磷酸铵镁结石的原因及调控策略：猫磷酸铵镁结石的成因与犬有所不同。猫很少出现感染性鸟粪石，但是如果猫排尿少，尿液过于浓缩，则很容易出现鸟粪石。营养调控的策略与犬相似，通过降低尿液pH值、减少前体物质摄入和增大饮水量来溶解鸟粪石，减少鸟粪石的复发。

② 草酸钙结石：见图5-4和图5-5。

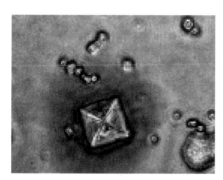 

图5-4　草酸钙结晶　　　　　　　图5-5　草酸钙结石

a. 形成原因：犬、猫草酸钙结石的成石原因是个复杂的过程，目前尚不完全清晰。有些品种（如猎狐梗、迷你杜宾、博美、雪纳瑞等）具有遗传倾向性，另外中老年犬（猫）、绝育状态、肥胖和饮水不足都是该疾病的风险因子。引发钙离子在尿液中排泄的疾病（如一些内分泌疾病和肾脏疾病）也与这一类结石的形成有关系。

b. 调控策略：由于这类结石无法溶解，如果结石很大或有堵塞尿道的风险存在时，一般都需要手术取出，并需要通过饮食调控来预防此类结石的复发。通常的调控策略是通过减少维生素C和羟脯氨酸的摄入，来限制草酸根离子的产生。适度控制钙离子水平。可服用柠檬酸盐，因为其是草酸钙结晶抑制因子。通过调高钠离子或使用湿粮来增加饮水，形成稀释的尿液。平时不能给患病犬、猫进食维生素C较高的水果、蔬菜、坚果，以及含有羟脯氨酸的软骨和咬胶类零食。

③ 尿酸盐结石：见图5-6和图5-7。

a. 形成原因：犬、猫尿酸盐结石的出现与遗传有很大关系，多见于大麦町、斗牛犬、埃及猫等。另外，与肝脏疾病或门脉短路有关。

b. 调控策略：尿酸盐结石的饮食调控包括降低相关离子水平、碱化尿液和稀释尿液。可选择低嘌呤类的食物，该类食物的蛋白质用的是低嘌呤水平的蛋白质（如蛋类的蛋白或植物蛋白），同时碱化尿液的配方帮助形成不利于尿酸盐结石的尿液环境。对于犬而言，可选用犬低嘌呤处方粮；对于猫而言，可选用猫低过敏处方粮或在医生的指导和监控下使用猫肾脏处方粮来实现。

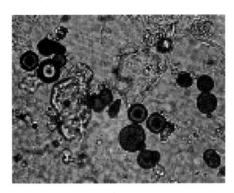
图5-6 尿酸盐结晶

图5-7 尿酸盐结石

④胱氨酸结石：见图5-8和图5-9。

a. 形成原因：胱氨酸结石的产生是一种先天性代谢缺陷，近端肾小管重吸收胱氨酸和其他氨基酸有缺陷。

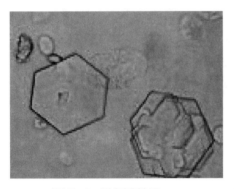
图5-8 胱氨酸结晶

图5-9 胱氨酸结石（电子显微镜扫描图像）

b. 调控策略：需要在饮食中减少甲硫氨酸和半胱氨酸的摄入，从而减少尿液中流失的胱氨酸量。另外需要稀释尿液，冲刷膀胱壁，减少结晶的生成。泡水的粮食颗粒可以帮助增加水分摄入，稀释尿液。通过饮食来碱化尿液pH值，可帮助减少胱氨酸的产生。可选用犬低嘌呤处方粮或猫肾脏处方湿粮。

⑤其他结石成分类型：其他结晶类型还有磷酸钙结石（图5-10）、二氧化硅结石（图5-11）、碳酸钙结石等。这些结石类型多与其他常见结石成分（磷酸铵镁、草酸钙）混合在

图5-10 磷酸钙晶体

图5-11 硅结石

一起。一般的营养调控策略是稀释尿液、减少前体物质等。其中二氧化硅的产生多见于摄入过多的植物蛋白，因为植物中含有相对较多的二氧化硅。

（4）猫特发性膀胱炎　猫特发性膀胱炎的临床症状与其他下泌尿道疾病相似，是一种慢性、间歇性的急性发作。大部分猫最长 7 天可自行缓解，无明确的病因，所以称之为特发性膀胱炎。

① 常见风险因子包括：室内生活方式、绝育状态、超重、饮水少和应激压力。

② 调控策略：由于猫特发性膀胱炎非常容易复发，需要长期的环境改善和营养调控。在营养调控上，最大化地增加饮水，促进排尿；添加舒缓情绪的营养素来减少应激。

a. 增加饮水上可通过以下方式实现：

饲喂含水量大于 73% 的食物；

湿粮或干粮加水；

饲喂适度调高钠离子的干粮；

让水变得更有吸引力；

喷泉等流动性水；

水中加些风味（肉汤）；

多个水碗；

水盆远离食盆和猫砂盆。

b. 添加能降低应激、舒缓情绪的特殊营养素：主要成分是来自 L- 色氨酸和牛乳蛋白胰酶水解物的酪氨酸水解肽，帮助安抚猫的紧张情绪，降低应激状态。总之，在犬、猫下泌尿道疾病的长期管理中，营养扮演了重要的辅助治疗和预防复发的作用。

7. 关节疾病犬、猫的饮食调控

犬、猫关节疾病临床发病率呈升高趋势，骨关节病是一种不可逆的疾病。临床常见关节软骨缺损、软骨下骨质硬化、关节边缘骨增生和继发性滑膜炎等，可能发于一个或多个关节处。

（1）骨关节病常见临床症状　犬、猫运动减少、起立时疼痛、跛行、僵硬、关节红肿、疼痛、捻发音、活动范围减少、舔舐关节部位等。

（2）犬、猫关节疾病的管理原则　控制体重，使用抗炎止痛药物，手术，理疗康复，饮食调控。其中饮食调控是最为重要的且需要长期执行的一项内容。

（3）关节相关的营养素

① 氨基葡萄糖：氨基葡萄糖由葡萄糖和谷氨酰胺组成，构成关节软骨的基础成分糖胺聚糖（GAG），能够促进蛋白聚糖的合成，成为构成关节的主要物质之一，从甲壳类的甲壳素和壳聚糖分别水解而来，在体内的作用是促进新的软骨形成，有助于保持关节的柔软性，减缓关节炎发展。此外，已明确氨基葡萄糖具有一定抗炎症效果，有助于软骨再生，减少蛋白聚糖的分解，但是具体该成分带来改善的具体原理尚不明确。当动物出现骨关节炎时，糖胺聚糖和蛋白聚糖会减少，这时就需要大量前体物质氨基葡萄糖。

② 硫酸软骨素：硫酸软骨素也是构成关节的成分之一，是一种蛋白聚糖。硫酸软骨素来源于动物软骨组织。通过在软骨组织中吸收水分，保持关节软骨的保水性和弹性，使关节活动灵活，减少老化软骨的损伤。目前已明确硫酸软骨素的比例会随年龄增长而发生变化，硫酸软骨素可延缓酶造成的软骨退化。

③ 绿唇贻贝提取物：绿唇贻贝提取物是软骨基质成分，含有多种抗炎症成分及有益于关

节健康的营养素。绿唇贻贝（GLM）粉末（从贝壳中得到）含有的脂肪酸中有 34.6% 饱和脂肪酸、18.4% 单不饱和脂肪酸和 47% 多聚不饱和脂肪酸。多聚不饱和脂肪酸中有 41% 是 Ω-3 脂肪酸（主要为 EPA 和 DHA，少量的 ETA 0.3%），5.2% 为 Ω-6 脂肪酸，Ω-6 脂肪酸与 Ω-3 脂肪酸的比例为 1∶10。EPA 是一种双重的抑制剂，对脂氧合酶和环氧化酶途径均有抑制作用，因此可以降低致炎因子中间体的产生。另外，绿唇贻贝粉末中含有 6.9% 的软骨素和 0.0005% 的氨基葡萄糖（蛋白聚糖的前体）。绿唇贻贝中含有的 Ω-3 脂肪酸、GAGS 软骨素和谷氨酸盐以及一些具有抗氧化作用的微量元素（包括锌、铜和硒）可以发挥综合的协同作用，辅助治疗关节炎。通过试验发现患有变形性关节病的犬喂食含有绿唇贻贝粉的饮食，能改善关节炎症状，在绿唇贻贝给予组发现疼痛、肿胀、摩擦音等关节炎相关分数得到了改善。

④ EPA/DHA：EPA/DHA 在体内由同为 Ω-3 系列脂肪酸的 α- 亚麻酸转换而来，大量存在于深海鱼油中的脂肪酸，也存在于植物性藻类及单细胞藻类中。在体内代谢，除产生抑制炎症的物质外还具有多种功能。抗炎症方面，在多个部位发挥抑制炎症性生理活性物质的合成及炎性细胞的作用。

⑤ 抗氧化成分：维生素 E、维生素 C、牛磺酸和叶黄素等抗氧化成分有中和体内自由基的作用。抗氧化成分可以保护细胞，避免自由基的攻击，防止进一步的损伤。

⑥ 必需矿物质钙和磷：钙和磷是在骨骼发育和维持健康方面极为重要的营养元素，必须均衡地摄入钙和磷。钙磷比例对于维持骨骼强度等具有重要作用，必须保持饮食中钙磷比例适当。

⑦ 维生素 D：维生素 D 是在调节钙磷代谢方面具有重要作用的营养素。

8.肝脏疾病犬、猫的饮食调控

患肝脏疾病的动物都会出现不同程度的营养不良，例如由于厌食、恶心、呕吐、食物适口性差导致的食物摄入量减少；由于胆汁淤积以及相关肠道疾病引起的营养吸收不良；由于肝脏疾病导致的代谢亢进和蛋白质降解增加而对营养素的需求量增加，所以提供足够能量以及全面的、适合肝脏疾病动物需求的营养能够保证动物机体的需求，同时为肝脏自我修复争取更多的时间，增加肝脏疾病康复率。

（1）饮食管理目标　对于肝脏疾病，除了使用相关的药物外，饮食调控尤为重要。

① 提供足够的能量和营养物质以满足机体基本需求，防止营养不良。例如，患有肝脏疾病的猫，其营养需求上要求蛋白质和微量营养素至少应该与正常猫相同，或者高于正常猫的需要量。另外，食物的适口性也是需要关注的地方。

② 通过防止铜蓄积和自由基来延缓肝脏进一步损伤。

③ 支持肝细胞再生。

④ 防止或将并发症最小化，例如肝性脑病和腹水。

（2）肝脏疾病犬、猫的营养需要

① 能量需要：患肝脏疾病的宠物食欲会受到影响，进食量减少。同时，遇到严重胆汁淤积或门脉高压时也会出现营养物质吸收不良。机体本身也存在分解代谢，所以这些都有可能造成能量、蛋白质不足，肌肉组织丧失。提供足够的能量和蛋白质能有效预防患病宠物体重减轻，而且对维持蛋白质正平衡（合成的肌肉比分解的蛋白多）和肝脏再生能力必不可少。而且为了弥补犬、猫进食减少导致的能量摄入不足，食物高能量密度很重要。

② 蛋白质需要：所有肝脏疾病都会引起蛋白质分解代谢增加。不正确地限制患病宠物饮食中蛋白质的含量，会造成内源性蛋白质分解代谢和肌肉组织的损伤，两者均可增加肝性脑

病的发生概率。对于患有肝脏疾病的犬，应该避免饲喂过量和或给予低质量的蛋白质，因为可能会加重肝性脑病的症状。大部分肝病患犬对蛋白质含量的耐受性较高，我们给予蛋白质的目标就是逐渐增加食物中蛋白质的量，使之接近正常犬的饮食，而不促使患犬突然发生肝脑病的症状，所以食物中蛋白质占能量的10%～14%，最好能不少于20%。对于猫来说，常见的肝脏疾病是肝脏脂质沉积症，又称为脂肪肝，此时保证高蛋白食物以及全面的氨基酸有利于脂肪肝的康复。除非存在肝性脑病和高血氨，否则不应限制食物蛋白质的摄入。而且无论犬、猫，都需要提高蛋白质的消化率。

③ 脂肪需要：脂肪是一种适口性很高而且高度浓缩的能量来源，饮食的能量密度与脂肪含量成正比。患有肝脏疾病的猫可以耐受比以前更高的脂肪含量，只有患严重胆汁淤积性肝病和疑似脂肪吸收不良的猫才会考虑限制脂肪的摄入，但应提供足够的必需脂肪酸。

④ 碳水化合物需要：碳水化合物代谢的变化通常会使血糖无法保持正常。猫对碳水化合物的消化、吸收、代谢能力有限，并且在慢性肝病中通常会出现葡萄糖不耐受。碳水化合物不应超过饮食卡路里的35%。对于犬来说，碳水化合物占食物的总能量不能超过45%，尤其对于患肝硬化的犬，很可能造成葡萄糖不耐受。

⑤ 纤维需要：食物中添加中等含量的纤维，对肝脏疾病有益，尤其是可溶性纤维。结肠可发酵的可溶性纤维，如低聚果糖、甜菜浆和树胶，能够降低肠道内pH值，从而减少氨的产生和吸收，其作用类似于乳果糖。结肠的发酵性还能够促进产氨较少的嗜酸性细菌的生长，同时增加氨与粪便中细菌（即乳酸菌）的结合与排出。纤维（包括可溶性纤维和不可溶性纤维）能够在肠腔中结合胆汁酸，并促进它们的分泌。不可溶性纤维（木质素、纤维素和半纤维素）能够调整食物的转运时间，预防便秘并结合毒素。因此，食物中含有可溶性纤维和一些不可溶性纤维，对肝脑病患犬、猫的长期饮食管理有帮助。

⑥ 矿物质需要：钾和锌的缺乏是最常见的，通常由于厌食、呕吐、腹泻或者治疗腹水时使用过量利尿剂引起。而且低血钾通常是诱发犬、猫出现肝性脑病的常见原因。缺锌与摄入少有关，而肝脏疾病又使锌缺乏进一步加剧。锌可以抵抗多种肝毒素，保护肝脏并且具有抗氧化功能。补锌还能够预防肝脏疾病状态下的铜蓄积。钠失衡不常见，但是对于腹水以及门脉高压的犬，建议食物中控制钠含量（少于0.5g/1000kcal）。由于肝病会导致铜代谢出现异常，所以食物中应该限制铜的含量。

⑦ 维生素需要：慢性肝病宠物常见维生素缺乏。水溶性维生素，尤其是B族维生素，对营养素在肝脏内的代谢至关重要；可能因呕吐或尿液流失而丧失，或因厌食症、肠道吸收不良或肝脏代谢减弱导致缺乏。因此，建议给患有慢性肝病的宠物每日补充大量的B族维生素。对于犬来说，临床上B族维生素的补充量通常是维持剂量的2倍，多余的B族维生素可以随尿液排出。为了代偿肝脏对维生素C合成功能的降低，并考虑到其强大的抗氧化性质，食物中应该富含维生素C。大部分商品犬粮都含有足量的维生素C，只有当出现严重脂肪吸收不良时，才考虑额外补充。对于肝铜蓄积症的犬，应避免大剂量的维生素C，因为当高浓度重金属存在时，它具有氧化强化剂的作用。另外，维生素E对于肝病动物来说有强大的抗氧化作用，所以食物中也应相应增加含量。

⑧ 抗氧化剂需要：慢性肝炎、肝纤维化、胆汁淤积性肝病和重金属肝中毒，这些均与自由基增加有关，其它类型的肝病也一样。为将氧化损伤减少到最低，在食物中添加足量的抗氧化剂如维生素E、维生素C和牛磺酸是必要的。而抗氧化复合物要比单独添加某个抗氧化剂效果更好，因为抗氧化剂彼此会有协同作用。

任务 5-4

住院宠物的营养支持

知识目标

1. 能归纳不同病理状态下宠物犬、猫的营养需求。
2. 能对比分析不同营养支持途径的适应证和优缺点。

能力目标

1. 能够评估宠物是否需要营养支持。
2. 能够正确计算患病宠物肠内营养需求。
3. 能够根据宠物实际情况选用合适的途径对患病宠物进行营养支持。

素质目标

1. 通过为患病宠物选择合适的营养支持途径,培养分析问题、解决问题的能力。
2. 通过完成住院宠物营养支持相关任务,培养维护宠物福利的责任意识。

任务准备

搜集 2 例住院病例(特别是相关的检查记录),可搜集现实案例或通过知网等平台搜集已发表的相关病例论文。

任务实施

① 病理状况评价,根据患病宠物的情况,进行详细的临床体格检查,评估患病宠物的病理状态。

② 营养状况评估,根据患病宠物病理状态,进行患病宠物营养状况的评估。

③ 制定营养支持的方案,根据患病宠物营养状况的评估,结合宠物犬、猫的营养需求,制定合理的营养支持方案。

④ 对患病宠物进行过程跟踪,并做好过程记录,并进行影像记录。

⑤ 根据患病宠物跟踪情况对调控方案进行调整。

任务结果

① 完成至少 2 个病例的营养调控方案。
② 对在执行过程中发现的问题,进行总结分析,调整形成最终调控方案。

③将任务实施过程及任务总结填写在任务 5-4 实施单。

 任务评价

任务评价见任务 5-4 考核单。

 任务资讯

1. 营养支持的重要性

住院宠物通常会面临食欲变差甚至食欲废绝的情况，自主进食来满足所需能量及营养量难度很大。及时有效地提供所需营养满足疾病消耗，避免宠物出现恶性营养不良对住院宠物至关重要。营养不良会提高患病宠物的死亡率，延长住院时间。例如，脓毒症、肿瘤、化疗、麻醉或手术的免疫抑制影响需要营养支持，目的是预防住院期间的体重减轻和肌肉萎缩，早期适当的营养支持干预对治疗成功的结果至关重要。营养支持可改善宠物对药物或外科治疗的反应，患病宠物每天如果没有获得适当的营养支持，通常不能快速或完全地从疾病或损伤中恢复，简单的葡萄糖或电解质溶液不能替代营养支持，也不能提供完整的营养，因此应提供营养支持，直到宠物能够自己保持足够的进食量来维持体重和状况。

2. 提供营养支持的途径

提供营养支持的途径有肠内营养支持、肠外营养支持以及两种方法的结合。具体选择哪种方式由以下几个因素决定。

①胃肠系统的功能状况。
②具体的疾病过程。
③需要支持的持续时间。
④患病宠物能够承受麻醉的能力。
⑤客户承诺在家喂养。
⑥客户承担的费用。

3. 饮食补充速度

由于营养支持并非紧急程序，一般准则建议慢慢开始补充。食物摄取量应在 2~3 天内逐渐增加，直至达到估计的热量摄取量。若患病宠物出现不适、呕吐、恶心等不良反应，则需要评估饮食种类、给予方式以及补充速率。

一般来说，会在第一天提供 50% 的 RER，并分为少量多次给予。若宠物对于该量适应良好，便可以在第二天喂食 100% 的 RER。但若宠物无法很好地适应此喂食量，那么应该接下来的 2~3 天内以更缓慢的速度增加食物量。宠物对于少量的饮食，往往具有更好的耐受性，因其不会导致胃过度膨胀，避免像摄入大量的饮食一样导致胃排空延迟或加剧恶心感。

4. 肠内营养支持

（1）肠内喂养的方法

①自主进食：提高食物适口性、管理医院环境减少应激、积极治疗疾病，都有可能通过自主进食满足能量和营养所需。有些食欲促进剂可帮助提振食欲。

② 强饲：对于食欲部分或完全废绝的宠物，可以尝试此方法，使用注射器或其他方式，比如将食物抹在口腔周围，或给予食团。但通常有一定操作难度，宠物配合度不高，而且强饲的量也无法保证达到机体所需量，也有可能出现呛咳导致吸入性肺炎。

③ 饲管饲喂：临床上常见的需要饲管的疾病包括猫脂肪肝、肾病、胰腺炎等。饲管饲喂的优势在于宠物出院后主人也可以方便操作，可选择鼻饲管、食管饲管、胃饲管以及空肠饲管等。对于使用鼻饲管、食管饲管、胃饲管及空肠饲管等辅助喂食的患病宠物，使用注射器定速打入食物，可以比强饲喂食更多的食物，并能大幅度降低恶心的发生率。对于患病宠物护理人员来说，此方式也比每2～4h少量强饲轻松。但是，每次饲喂的开始和结束都需要使用水来冲洗饲管，确保通畅。但是饲管饲喂存在弊端，包括饲管继发的呕吐、饲管部位的感染以及某些饲管需要通过镇静甚至手术麻醉后来放置，对于某些患病宠物来说会增加额外的风险。开始饲管饲喂时最好先给水，来评估宠物对饲管的耐受程度，之后给予液体食物或泥状的罐头或干粮。饲喂时需要缓慢推入食物，避免宠物出现恶心、呕吐等不适。大多数犬、猫会耐受每餐5～10mL/kg体重的液体量。各种喂食方式比较见表5-4。

表5-4 各种喂食方式的比较

饮食管类型	适用条件	适用疾病	适合的食物类型	给予方式	放置时间长度
鼻食管/鼻胃管	不建议用于呕吐或患有呼吸道疾病的宠物	短期厌食	流质饮食或可进行稀释	定速喂入或定量单次给予	短期，并仅能用于住院宠物（3～7天）
咽胃管/食管胃管	不建议用于呕吐或患有呼吸道疾病的宠物	肝脏脂质沉积症、厌食、口腔手术、创伤、癌症	根据喂食管的大小给予流质、恢复期饮食或市售稀粥饮食	定速喂入或定量单次给予	能长期使用，并可用于住院或居家饲喂（1～20周，取决于所使用的喂食管材质）
胃管	可以用于呕吐或患有呼吸道疾病的宠物	胰腺炎、肝脏脂质沉积症、厌食、食管狭窄、口腔手术、创伤、癌症	根据喂食管的大小给予流质、恢复期饮食或市售稀粥饮食	定速喂入或定量单次给予	能长期使用，并可以是永久性的（取决于所使用的喂食管材质）
空肠造瘘管	可以用于呕吐或患有呼吸道疾病的宠物	胰腺炎、肠吻合术、昏迷	流质饮食	定速喂入或定量单次给予	短期，并仅能用于住院宠物（3～10天）

（2）食物的选择 考量因素包括食物与饲管尺寸的契合度，还包括能量密度、宏量营养素分布、颗粒大小、渗透压、成分、成本以及可获得性。其他因素还涉及饲喂时长以及食物对该患病宠物来说是否全价和均衡。对于管饲的肠道营养来说，没有最佳的饮食配方，但有许多选择。在寻找合适饮食时，需要评估正在治疗的疾病进程、选用的喂食管大小以及食物的成本和获取难易程度。稀粥状、流质、罐装食品与干粮都可以用于肠道营养，但并非每一种食物都可以用于每种类型的喂食管。流质饮食通常可以通过大于5号的喂食管，稀粥饮食适用于10～12号的喂食管，并且在此范围内仍可能会发生堵塞的情况。对于经过搅碎的饮食（无论是罐装食品还是干粮），通常建议用于14号或更大尺寸的喂食管。饮食加工越精细，喂食管堵塞的可能性就越小。理想上，恢复期饮食不需要额外加工，但若是使用罐装食

品或干粮，则需要额外的加工。若使用罐装食品，通常需要使用食物调理机，以 1∶1 与水均匀混合的加工方式。需要将食物颗粒处理到足够细小，能轻易通过喂食管，并且可以经由喂食注射器抽取并给予喂食。若使用干粮，则将干粮加入食物调理机中，将其充分打碎，然后加入等量的水，再次混合均匀。由于在这类饮食中存有干燥的碳水化合物成分，因此需将食物静置 20～30min，让碳水化合物充分吸收水分。可能需要额外添加水，以降低食物的黏稠度，使其能够通过注射器。

（3）肠内营养需求的计算

① 计算患病宠物静息能量需求（RER）= 70× 体重（kg）

② 计算疾病 / 感染 / 损伤患病宠物的能量需求（IER）因子 1.2～1.5

③ 将选择的因子乘以 RER 等于 IER

④ 选择宠物医生特定的重症护理配方饮食

⑤ 每 24h 所需的饮食量（等于每日液体饮食的毫升量）是 IER 除以每毫升饮食的千卡数

⑥ 液体饮食的总体积除以喂食次数等于每次喂食需要的饮食量（mL）

例：10kg 重的患病宠物

RER=70×10kg=700

IER= 700×1.2=840

液体饮食的千卡是每毫升 5kcal

每日液体饮食的毫升量 =IER/5=168mL

分为 6 次喂食，即每餐 28mL

5. 肠外营养支持

（1）肠外营养支持的方法 肠外营养支持最主要的方法就是静脉输液，但是首先需要通过饮食史调查来考量和评估患病宠物的营养状况。

① 厌食的时间以及食欲下降的时长。

② 体格检查情况：体重、BCS 以及肌肉含量。对宠物体重变化的评估有时超过了体重本身。

③ 血液学检查：其中白蛋白是一个重要的评估因素，尽管其经常受到机体水合状态、肝功能以及肾功能的影响。

④ 最后还需要考虑宠物的病程：比如对于急性外伤，宠物可能仅仅面临短期的厌食或禁食，营养状况尚可。

（2）肠外营养支持的分类

① 按照营养给予的途径来分，分为中心静脉给予或外周血管给予；按照提供营养的程度来分，分为全肠外营养和部分肠外营养。

② 全肠外营养（total parenteral nutrition，TPN）是指宠物所有的营养需求均从肠外途径给予。临床上的肠外营养通常不能够全面提供矿物质和脂溶性维生素，所以其实不存在真正的"全肠外营养"。有些对 TPN 的定义为能够提供总能量需求，而部分肠外营养可以提供部分所需能量。按照这个定义，TPN 通常通过中心静脉给予，而部分肠外营养通常通过外周血管给予。

a. 全肠外营养（TPN）支持的条件：已显示患病宠物无法接受肠内营养；无菌静脉内输

注营养液；患病宠物有吸收不良问题；由于呕吐或严重的胰腺炎，胃肠道需要休息；无法吞咽的患病宠物（昏迷）；非常虚弱的患病宠物需要另一种营养补充途径。

b. 停止 TPN 的注意事项：不应该突然停止 TPN；逐渐减少对于预防突发性低血糖很重要；在停止 TPN 期间，可以与 TPN 一起进行肠内营养；要逐步改变以避免并发症；每天在同一时间称重和体况评分，记录在病历中。

（3）肠外支持给予的营养元素

① 蛋白质支持：肠外营养给予的都是氨基酸溶液，由必需和非必需氨基酸制成。浓度一般为 8.5% 和 10%。8.5% 是最常用的浓度，可提供能量为 0.34kcal/mL。相较脂肪和葡萄糖来说，氨基酸溶液的能量密度较低。但牛磺酸不包括在内，超过一周的给药需要为猫添加牛磺酸。

② 脂肪支持：通常以脂肪乳的形式提供，是肠外营养的重要部分，可同时提供能量和必需脂肪酸。最常见的溶液浓度为 20%，提供的能量为 2kcal/mL。集中能源能提供患病宠物 50% 能量需求。应进行脂血症的物理血液评估，以确保宠物不会变成高脂血症，患有肝、胰腺或内分泌疾病的患病宠物易患高脂血症。

③ 碳水化合物支持：通常是葡萄糖溶液，浓度 5%～70%。50% 浓度的葡萄糖溶液是最常使用的种类之一，能够提供 1.7kcal/mL 的能量。葡萄糖和脂质提供犬每日代谢能量需求的一半。可在第一天仅给予所需一半的葡萄糖以避免高血糖症（尿液葡萄糖必须保持阴性，血糖应低于 200mg/dL）。如果这些测试结果保持稳定，则可以在第二天给予全部剂量的葡萄糖。

④ 电解质和微量矿物质支持：必须保持正常的电解质平衡，低钾血症是最常见的电解质异常，对于因钾持续损失而呕吐的患病宠物，可能需要另外补充钾。钾和磷是最常用的可添加的电解质，对于再饲喂综合征的犬、猫来说，常见低血钾和低血磷。

⑤ 维生素支持：水溶性维生素的含量处于不断变化之中，而且也是能量代谢过程中的一个协同因子，所以 B 族维生素是临床上肠外营养的常用种类。脂溶性维生素对于短期病例来说并不常使用。

6. 喂食医嘱的执行

应向负责照顾患病宠物的技术人员说明治疗医嘱，并列出提供的食物类型以及给予的食物量与频率。可以使用表格来记录患病宠物的食物摄取量、用于喂食患病宠物的技术，以及所提供的食物类型（例如，在下午 3：00 时用手喂食 1/2 罐稍微加热的犬食）。然后，技术人员可以在表格中绘制一个圆饼图，并描绘患病宠物所摄取的食物量（例如，若患病宠物摄取了 1/4 的食物量，则应填满 1/4 的圆饼图）。技术人员还应注意记录上的任何食物、数量或方式是否与医嘱相同。这种记录保存提供给医生准确的食物摄取量测量值，而技术人员亦可以根据每个患病宠物所偏好的方式达到成功的饲喂，特别是在换班时更有帮助。

参考文献

[1] 丁敏，夏兆飞. 犬猫营养需要 [M]. 1 版. 北京：中国农业大学出版社，2010.
[2] 王金全. 宠物食品法规和标准 [M]. 1 版. 北京：中国农业科学技术出版社，2019.
[3] 陈江南，许佳，夏兆飞. 犬猫营养学 [M]. 3 版. 济南：山东科学技术出版社，2021.
[4] 方希修，方圆，淡瑞芳. 宠物营养与食品 [M]. 2 版. 北京：中国农业大学出版社，2023.
[5] 陈立华，杨惠超. 宠物营养与食品 [M]. 北京：中国农业大学出版社，2022.
[6] 李德立，李成贤. 动物营养与饲料配方设计 [M]. 北京：中国轻工业出版社，2019.
[7] 丁丽敏. 宠物营养与饲养学 [M]. 北京：高等教育出版社，2023.
[8] 夏兆飞. 实用小动物临床营养学 [M]. 沈阳：辽宁科学技术出版社，2022.
[9] 王金全. 宠物营养与食品 [M]. 北京：中国农业科学技术出版社，2018.
[10] 刘方玉，廖启顺. 宠物饲养技术 [M]. 2 版. 北京：化学工业出版社，2015.

任务1-1-1 实施单

课程名称		任务名称	宠物粮中水分含量的测定
班　　级		组　　别	
实验步骤	操作方法	是否完成	过程记录
仪器准备	将实验过程所需仪器准备好备用	是□　否□	
试样的制备	要求原始样品量在1000g以上,用四分法将原始样品缩至500g,再缩至200g,粉碎至40目,装入密封容器,放阴凉干燥处备用	是□　否□	标记记录:
称量瓶干燥恒重	将洁净的称量瓶在(105±2)℃烘箱中烘1h,取出,在干燥器中冷却30min,准确至0.0002g。重复以上操作,直至两次质量之差小于0.0002g为恒重	是□　否□	天平号码: $m_{0-1}=$ $m_{0-2}=$
试样称重	在已知质量的称量瓶中称取2个平行试样,每份2～5g(含水量0.1g以上,样品厚4mm以下),准确至0.0002g	是□　否□	$m_{1-1}=$ $m_{1-2}=$
烘干	将盛有样品的称量瓶不盖盖,在(105±2)℃烘箱中烘3h(温度到达105℃时开始计时),取出,盖好称量瓶盖,在干燥器中冷却30min,称重	是□　否□	起始时间: 结束时间: 称重结果:
烘干样品称重	再同样烘干1h,冷却,称重,直到两次质量差小于0.0002g	是□　否□	$m_{2-1}=$ $m_{2-2}=$

实验步骤	操作方法	是否完成	过程记录
测定结果计算			
测定结果分析	对照宠物食品包装成分分析保证值列表,检查是否出现实验偏差,如有偏差,分析出现偏差的原因		
任务总结			
小组成员签字			

任务 1-1-1 考核单

课程名称		任务名称	宠物粮中水分含量的测定
班　级		组　别	
小组成员			

考核项目	考核指标及分值	具体观测点	得分
职业素养 （20分）	规范意识及严谨认真的态度 （7分）	任务完成过程中是否操作规范、工作态度严谨认真（按照规范操作、严谨认真5～7分；有操作不规范现象、严谨认真2～4分；操作不规范、态度不认真0～1分）	
	安全意识（4分）	安全意识（主动关注实验室水电门窗的安全4分；被动关注实验室安全1～3分；无视实验室安全0分）	
	劳动意识（4分）	劳动意识（及时清理并保持操作台洁净4分；及时清理但操作台较乱2～3分；未清理卫生及操作台0～1分）	
	团队协作、踏实付出的精神 （5分）	小组完成任务、汇报等贡献（共同完成任务、积极主动5分；共同完成任务、积极性一般3～4分；被动参与或不参与0～2分）	
任务完成度 （80分）	自主学习（10分）	通过提问的方式检查任务完成所需理论知识准备（充分8～10分；一般5～7分；不足0～4分）	
	仪器及试剂准备（5分）	任务完成所需的所有仪器及试剂准备（每少1样减1分，5分扣完为止）	
	测定样品准备（5分）	测定样品的产品包装是否完整（含有成分分析保证值列表）以及产品规格是否符合要求（符合要求5分；有1项不符合2.5分；全不符合0分）	

考核项目	考核指标及分值	具体观测点	得分
任务完成度（80分）	样品制备（5分）	样品制备过程是否使用四分法取样，样品粉碎是否达到标准（符合要求5分；有1项不符合2.5分；全不符合0分）	
	试样称重（10分）	试样称重在要求范围内，数据记录准确，称重后及时进行台面的卫生清理（符合要求8～10分；基本符合5～7分；不符合0～4分）	
	测定结果计算（10分）	结果是否准确（计算步骤详细、结果准确8～10分；计算步骤完整、结果不准确5～7分；缺步骤、结果不准确0～4分）	
	记录（10分）	实验记录是否完整、详细（完整、详细8～10分；完整、不详细5～7分；不完整、不详细0～4分）	
	测定结果分析（10分）	测定结果对照产品成分保证值进行分析，对出现的偏差分析是否合理、详细（合理、详细8～10分；合理、不详细5～7分；不合理、不详细0～4分）	
	任务总结（10分）	有无对任务完成过程中存在的问题进行总结（合理、详细8～10分；合理、不详细5～7分；不合理、不详细0～4分）	
	工作手册提交（5分）	实施单书写工整、按时提交（0～5分）	
本项目得分		教师签名	

任务1-1-2 实施单

课程名称		任务名称	宠物粮中粗蛋白含量的测定
班　级		组　别	
实验步骤	操作方法	是否完成	过程记录
仪器及试剂准备	将实验过程所需仪器及试剂准备好备用	是□　否□	
试样的制备	要求原始样品量在1000g以上,用四分法将原始样品缩至500g,再缩至200g,粉碎至40目,装入密封容器,放阴凉干燥处备用	是□　否□	标记记录:
试样消化	称取0.5～1g试样,准确至0.0002g,无损地放入凯氏烧瓶或消化管中,加入硫酸铜0.4g,无水硫酸钾(或无水硫酸钠)6g,与试样混合均匀	是□　否□	天平号码: $m=$
	再加浓硫酸10mL和2粒玻璃珠,将凯氏烧瓶或消化管放在通风柜里的电炉或消煮炉上小心加热,待样品焦化,泡沫消失,再加大火力,直至溶液澄清后,再加热消化15min	是□　否□	起始时间: 结束时间:
	空白实验称取蔗糖0.5g,以代替试样,同样消化至澄清	是□　否□	
制备试样分解液	将试样消煮液冷却,加水20mL,移入100mL容量瓶中,用蒸馏水少量多次冲洗凯氏烧瓶,洗液亦注入容量瓶中,注意不要超出刻度线,冷却后用水稀释至刻度,摇匀,作为试样分解液	是□　否□	$V=$
蒸馏装置的清洗	将蒸馏水加入半微量凯氏蒸馏装置内室,夹紧止水夹,用吸耳球吹出内室的水,清洗2次;冷凝管末端用蒸馏水冲洗干净	是□　否□	

实验步骤	操作方法	是否完成	过程记录
氨的蒸馏	取硼酸溶液 35mL,加混合指示剂 2 滴(此时溶液呈酒红色),使冷凝管末端浸入此溶液	是□ 否□	若溶液未呈酒红色,需重新清洗接收瓶
	用移液管准确移取试样分解液 10mL,注入蒸馏装置的反应室中,用少量水冲洗进样入口,再加 10mL 氢氧化钠溶液,用少量水冲洗进样入口,关好进样入口,且在入口处加水封好,防止漏气	是□ 否□	$V_0=$
	开通冷凝水,加热蒸馏,待接收瓶中吸收液变蓝时开始计时 5min,使冷凝管末端离开吸收液面,再蒸馏 1min,用水冲洗冷凝管末端,洗液均流入锥形瓶内,然后停止蒸馏	是□ 否□	起始时间: 结束时间:
滴定	立即用 0.1mol/L 或 0.2mol/L 盐酸标准溶液进行滴定,溶液由蓝色变为酒红色为终点	是□ 否□	$V_1=$
	空白滴定	是□ 否□	$V_2=$
测定步骤的检验	精确称取 0.2g 硫酸铵,代替试样,按测定步骤操作,测得硫酸铵含氮量为 (21.19±0.20)%,否则应检查加碱、蒸馏和滴定各步骤是否正确	是□ 否□	
测定结果计算			
测定结果分析	对照宠物食品包装成分分析保证值列表,检查是否出现实验偏差,如有偏差,分析出现偏差的原因		
任务总结			
小组成员签字			

任务1-1-2 考核单

课程名称			任务名称	宠物粮中粗蛋白含量的测定
班 级			组 别	
小组成员				
考核项目	考核指标及分值		具体观测点	得分
职业素养 （20分）	规范意识及严谨认真的态度 （7分）		测定过程中操作是否规范及科研态度是否严谨（按照规范操作、态度严谨认真5～7分；有操作不规范现象、态度严谨认真2～4分；操作不规范、态度不认真0～1分）	
	安全意识（4分）		安全意识（主动关注实验室水电门窗的安全4分；被动关注实验室安全1～3分；无视实验室安全0分）	
	劳动意识（4分）		劳动意识（及时清理并保持操作台洁净4分；及时清理但操作台较乱2～3分；未清理卫生及操作台0～1分）	
	团队协作、踏实付出的精神 （5分）		小组完成任务、汇报等贡献（共同完成任务、积极主动5分；共同完成任务、积极性一般3～4分；被动参与或不参与0～2分）	
任务完成度 （80分）	自主学习（10分）		通过提问方式检查任务完成所需理论知识准备（充分8～10分；一般5～7分；不足0～4分）	
	仪器及试剂是否准备充分 （5分）		任务完成所需的所有仪器及试剂准备（每少1样减1分，5分扣完为止）	
	试样称重及标记是否 符合要求（5分）		试样称重在要求范围内，数据记录准确，称重后及时将装有样品的凯氏烧瓶进行标记，并及时进行台面的卫生清理（符合要求4～5分；基本符合2～3分；不符合0～1分）	
	试样消化过程是否符合 要求（5分）		消化过程火力掌握、消化时间、消化瓶摆放等是否符合要求（符合要求4～5分；符合要求，但未认真观察2～3分；不符合要求0～1分）	

考核项目	考核指标及分值	具体观测点	得分
任务完成度（80分）	制备试样分解液时，是否符合要求（5分）	样品转移过程无损耗，定容时刻度准确、手持方法正确（符合要求4～5分；基本符合2～3分；不符合0～1分）	
	蒸馏过程，是否符合要求（10分）	接收液、加样、操作步骤是否按照标准流程进行操作（符合要求8～10分；基本符合5～7分；不符合0～4分）	
	滴定过程中，操作是否标准（5分）	滴定前后刻度记录准确，滴定过程耐心细致（标准4～5分；基本标准2～3分；不标准0～1分）	
	空白实验（5分）	是否进行空白实验（是5分；无0分）	
	测定结果计算（5分）	步骤是否完整、准确（步骤完整、结果准确4～5分；步骤完整、结果不准确2～3分；缺步骤、结果不准确0～1分）	
	实验记录（5分）	实验记录是否完整、详细（完整、详细4～5分；完整、不详细2～3分；不完整、不详细0～1分）	
	测定结果分析（10分）	测定结果对照产品成分保证值进行分析，对出现的偏差分析是否合理、详细（合理、详细8～10分；合理、不详细5～7分；不合理、不详细0～4分）	
	任务总结（5分）	有无对任务完成过程中存在的问题进行总结（合理、详细4～5分；合理、不详细2～3分；不合理、不详细0～1分）	
	工作手册提交（5分）	实施单填写工整，按时提交（0～5分）	
本项目得分		教师签名	

任务1-1-3 实施单

课程名称		任务名称	宠物粮中粗脂肪含量的测定
班　级		组　别	
实验步骤	操作方法	是否完成	过程记录
仪器及试剂准备	将实验过程所需仪器及试剂准备好备用	是□　否□	
试样的制备	要求原始样品量在1000g以上,用四分法将原始样品缩至500g,再缩至200g,粉碎至40目,装入密封容器,放阴凉干燥处备用	是□　否□	
干燥索氏提取器	将抽提瓶(内有沸石数粒)在(105±2)℃烘箱中烘干30min,干燥器中冷却30min,称重。再烘干30min,同样冷却称重,两次称重之差小于0.0002g为恒重	是□　否□	天平号码:
样品称重	称取试样1～5g(准确至0.0002g),用滤纸包好,称重,并用铅笔注明标号,放入(105±2)℃烘箱中烘干2h(或称测水分后的干试样,折算成风干样重),滤纸包长度应以可全部浸泡于乙醚中为准	是□　否□	$m=$ $m_1=$
脂肪抽提	将滤纸包放入抽提管中,在抽提瓶中加无水乙醚60～100mL,在60～75℃的水浴(用蒸馏水)上加热,使乙醚回流,控制乙醚回流次数为每小时约10次,共回流约50次(含油高的试样约70次),或检查抽提管流出的乙醚挥发后不留下油迹为抽提终点	是□　否□	
滤纸包烘干	取出滤纸包,置于干净表面皿上晾干20～30min,然后装入同号码称量瓶中,置于(105±2)℃烘箱中烘干2h,干燥器中冷却30min,称重;再烘干30min,同样冷却称重,两次称重之差小于0.001g为恒重	是□　否□	

实验步骤	操作方法	是否完成	过程记录
称重	称重烘干后的滤纸包	是□ 否□	$m_2=$
测定结果计算			
测定结果分析	对照宠物食品包装成分分析保证值列表,检查是否出现实验偏差,如有偏差,分析出现偏差的原因		
任务总结			
小组成员签字			

任务1-1-3 考核单

课程名称		任务名称	宠物粮中粗脂肪含量的测定
班　　级		组　　别	
小组成员			

考核项目	考核指标及分值	具体观测点	得分
职业素养（20分）	规范意识及严谨认真的态度（7分）	实操过程中操作是否规范及科研态度是否严谨（按照规范操作、严谨认真5～7分；有操作不规范现象、严谨认真2～4分；操作不规范、态度不认真0～1分）	
	安全意识（4分）	实验过程中安全意识（主动关注实验室水电门窗的安全4分；被动关注实验室安全1～3分；无视实验室安全0分）	
	劳动意识（4分）	劳动意识（及时清理并保持操作台洁净4分；及时清理但操作台较乱2～3分；未清理卫生及操作台0～1分）	
	团队协作、踏实付出的精神（5分）	小组完成任务、汇报等贡献（共同完成任务、积极主动5分；共同完成任务、积极性一般3～4分；被动参与或不参与0～2分）	
任务完成度（80分）	自主学习（10分）	通过提问方式检查任务完成所需理论知识准备（充分8～10分；一般5～7分；不足0～4分）	
	仪器及试剂是否准备充分（5分）	任务完成所需的所有仪器及试剂准备（每少1样减1分，5分扣完为止）	
	试样称重是否符合要求（5分）	试样称重在要求范围内，数据记录准确，称重后及时进行台面的卫生清理（符合要求4～5分；基本符合2～3分；不符合0～1分）	

011

考核项目	考核指标及分值	具体观测点	得分
任务完成度（80分）	试样滤纸包及标记是否符合要求（5分）	试样滤纸包大小合适、包装完好，铅笔标记并标记清晰（符合要求4～5分；符合要求，但未认真观察2～3分；不符合要求0～1分）	
	抽提过程操作是否符合要求（15分）	乙醚量是否足够，抽提次数（或抽提终点）是否符合要求，如遇特殊情况是否能进行及时且正确的处理（符合要求，问题处理及时准确12～15分；基本符合，问题处理基本正确6～11分；不符合，不知道如何进行特殊情况处理0～5分）	
	抽提后称重（5分）	滤纸包是否进行干燥处理，称重数据记录准确，称重后及时进行台面的卫生清理（符合要求4～5分；基本符合2～3分；不符合0～1分）	
	平行实验（5分）	是否进行平行实验（是5分；无0分）	
	测定结果计算（5分）	步骤是否完整、准确（步骤完整、结果准确4～5分；步骤完整、结果不准确2～3分；缺步骤、结果不准确0～1分）	
	实验记录（5分）	实验记录是否完整、详细（完整、详细4～5分；完整、不详细2～3分；不完整、不详细0～1分）	
	测定结果分析（10分）	测定结果对照产品成分保证值进行分析，对出现的偏差分析是否合理、详细（合理、详细8～10分；合理、不详细5～7分；不合理、不详细0～4分）	
	任务总结（5分）	有无对任务完成过程中存在的问题进行总结（合理、详细4～5分；合理、不详细2～3分；不合理、不详细0～1分）	
	工作手册提交（5分）	实施单填写工整，按时提交（0～5分）	
本项目得分		教师签名	

任务1-1-4 实施单

课程名称		任务名称	宠物粮中水溶性氯化物含量的测定
班　级		组　别	
实验步骤	操作方法	是否完成	过程记录
仪器及试剂准备	将实验过程所需仪器及试剂准备好备用	是□　否□	
试样的制备	要求原始样品量在1000g以上,用四分法将原始样品缩至500g,再缩至200g,粉碎至40目,装入密封容器,放阴凉干燥处备用	是□　否□	
样品称重	精确称取样品5g左右,置于洁净干燥编号的大锥形瓶内,每个样品取两个平行样	是□　否□	天平号码: 大锥形瓶1编码: 大锥形瓶2编码: $m_1=$ $m_2=$
溶解	用量筒量取200mL水置于大锥形瓶内,注水时要使量筒瓶口贴着锥形瓶内壁,同时摇动锥形瓶,前15min,每隔5min摇一次锥形瓶,后15min静置,静置完立即吸取上清液	是□　否□	大锥形瓶1起始时间: 大锥形瓶1结束时间: 大锥形瓶2起始时间: 大锥形瓶2结束时间:
吸液	将20mL吸管用上清液润洗两次后吸取上清液20mL,注入盛有50mL水的小锥形瓶内	是□　否□	小锥形瓶1编码: 小锥形瓶2编码:
滴定	分别吸取铬酸钾1mL加入小锥形瓶内,摇匀,用标准硝酸银溶液滴定至橘红色即为终点	是□　否□	$V_1=$ $V_2=$
空白测定	各种试剂的用量及操作步骤完全相同,但不加试样	是□　否□	$V_0=$

实验步骤	操作方法	是否完成	过程记录
测定结果计算			
测定结果分析	对照宠物食品包装成分分析保证值列表,检查是否出现实验偏差,如有偏差,分析出现偏差的原因		
任务总结			
小组成员签字			

任务1-1-4 考核单

课程名称			任务名称	宠物粮中水溶性氯化物含量的测定	
班　级			组　别		
小组成员					
考核项目	考核指标及分值		具体观测点		得分
职业素养（20分）	规范意识及严谨认真的态度（7分）		实操过程中操作是否规范及科研态度是否严谨（按照规范操作、严谨认真5～7分；有操作不规范现象、严谨认真2～4分；操作不规范、态度不认真0～1分）		
	安全意识（4分）		实验过程中安全意识（主动关注实验室水电门窗的安全4分；被动关注实验室安全1～3分；无视实验室安全0分）		
	劳动意识（4分）		劳动意识（及时清理并保持操作台洁净4分；及时清理但操作台较乱2～3分；未清理卫生及操作台0～1分）		
	团队协作、踏实付出的精神（5分）		小组完成任务、汇报等贡献（共同完成任务、积极主动5分；共同完成任务、积极性一般3～4分；被动参与或不参与0～2分）		
任务完成度（80分）	自主学习（10分）		通过提问方式检查任务完成所需理论知识准备（充分8～10分；一般5～7分；不足0～4分）		
	仪器及试剂是否准备充分（5分）		任务完成所需的所有仪器及试剂准备（每少1样减1分，5分扣完为止）		
	试样称重是否符合要求（5分）		试样称重在要求范围内，数据记录准确，称重后及时进行台面的卫生清理（符合要求4～5分；基本符合2～3分；不符合0～1分）		
	溶解过程是否符合要求（10分）		量筒读数准确、注水时紧贴内壁、按要求摇动及静置（符合要求8～10分；基本符合要求，但存在问题5～7分；不符合要求0～4分）		

考核项目	考核指标及分值	具体观测点	得分
任务完成度（80分）	吸液过程是否符合要求（5分）	移液管是否正确润洗，移取过程中操作是否正确（符合要求，移液管使用正确4～5分；基本符合，但移液管使用存在错误2～3分；不符合，移液管使用存在严重错误0～1分）	
	滴定过程是否符合要求（10分）	铬酸钾吸取是否正确、滴定手法是否正确、滴定终点是否正确（符合要求8～10分；基本符合，但移液管使用或者滴定存在错误5～7分；不符合要求并出现严重错误0～4分）	
	空白实验（5分）	是否进行空白实验（是5分；无0分）	
	测定结果计算（5分）	步骤是否完整、准确（步骤完整、结果准确4～5分；步骤完整、结果不准确2～3分；缺步骤、结果不准确0～1分）	
	实验记录（5分）	实验记录是否完整、详细（完整、详细4～5分；完整、不详细2～3分；不完整、不详细0～1分）	
	测定结果分析（10分）	测定结果对照产品成分保证值进行分析，对出现的偏差分析是否合理、详细（合理、详细8～10分；合理、不详细5～7分；不合理、不详细0～4分）	
	任务总结（5分）	有无对任务完成过程中存在的问题进行总结（合理、详细4～5分；合理、不详细2～3分；不合理、不详细0～1分）	
	工作手册提交（5分）	实施单填写工整，按时提交（0～5分）	
本项目得分		教师签名	

任务1-2 实施单

课程名称				任务名称		宠物食品标签评价	
班　级				组　别			
产品名称	包装规格	原料组成	成分分析保证值	饲喂指南	贮存条件	是否有不符合规定的内容，并请具体说明	

产品名称	包装规格	原料组成	成分分析保证值	饲喂指南	贮存条件	是否有不符合规定的内容，并请具体说明
情景模拟	你是一家宠物店负责销售宠物食品的工作人员，有一名顾客想要了解某一款宠物食品的相关信息，请根据产品标签显示内容向顾客进行解读(请从以上5款宠物食品中选择一种进行模拟解读)，并记录实施过程					
分析总结						
小组成员签字						

注：如无实物，要有对应的照片（产品正面照片、反面照片、侧面照片，其中原料成分、成分分析、饲养指南照片要特写）。照片电子版以产品名称命名，例：XX品牌成犬全价粮——成分分析表。

任务1-2 考核单

课程名称		任务名称	宠物食品标签评价
班　　级		组　　别	
小组成员			

考核项目	考核指标	具体观测点	得分
职业素养（15分）	礼仪形象（5分）	模拟推荐过程穿着得当、使用专业用语、语速得当、礼仪形态理想（较好4～5分；一般2～3分；较差0～1分）	
	诚信服务（5分）	是否能够如实地向客户解读分析宠物食品，讲诚信（较好4～5分；一般2～3分；较差0～1分）	
	团队协作、踏实付出的精神（5分）	小组完成任务、汇报等贡献（共同完成任务、积极主动5分；共同完成任务、积极性一般3～4分；被动参与或不参与0～2分）	
任务完成度（85分）	自主学习（10分）	通过提问，检查任务完成所需理论知识准备（充分8～10分；一般5～7分；不足0～4分）	
	产品数量（10分）	识别宠物食品标签的数量是否符合要求（5个满分，每少1个减2分）	
	宠物食品标签评价（20分）	产品标签识别内容是否全面、描述是否详细（全面、描述详细15～20分；全面、描述不详细8～14分；不全面、描述不详细0～7分）	

考核项目	考核指标	具体观测点	得分
任务完成度（85分）	情景模拟（30分）	情景模拟过程中是否完成5个产品的解读（10分，每少1个减2分）	
		情景模拟过程中，能否将每一款产品的标签进行全面细致的解读（全面、解读详细15～20分；全面、解读不详细8～14分；不全面、解读不详细0～7分）	
	任务总结（10分）	有无对任务完成过程中存在的问题进行总结（合理、详细8～10分；合理、不详细5～7分；不合理、不详细0～4分）	
	工作手册提交（5分）	实施单填写工整，按时提交（0～5分）	
本项目得分		教师签名	

任务1-3 实施单

课程名称			任务名称	宠物食品原料鉴定
班　　级			组　　别	
原料识别	原料名称	所属类别	一般观察 (色泽、硬度、味道)	显微镜观察 (硬度、质地、结构)

任务总结	
小组成员签字	

任务1-3 考核单

课程名称		任务名称	宠物食品原料鉴定
班级		组别	
小组成员			
考核项目	考核指标及分值	具体观测点	得分
职业素养（20分）	规范意识及严谨认真的态度（7分）	操作是否规范及科研态度是否严谨（按照规范操作、严谨认真5~7分；有操作不规范现象、严谨认真2~4分；操作不规范、态度不认真0~1分）	
	安全意识（4分）	安全意识（主动关注实验室水电门窗的安全4分；被动关注实验室安全1~3分；无视实验室安全0分）	
	劳动意识（4分）	劳动意识（及时清理并保持操作台洁净4分；及时清理但操作台较乱2~3分；未清理卫生及操作台0~1分）	
	团队协作、踏实付出的精神（5分）	小组完成任务、汇报等贡献（共同完成任务、积极主动5分；共同完成任务、积极性一般3~4分；被动参与或不参与0~2分）	
任务完成度（80分）	思维导图绘制（10分）	思维导图绘制完整、设计美观8~10分；完整、无设计、不美观一般5~7分；内容不完整、不美观0~4分	
	任务准备是否充分（5分）	任务完成所需的原料数量、设备及图谱准备（每少1样减1分，5分扣完为止）	
	原料识别与分类是否正确（10分）	对所识别的原料进行正确的分类（全部正确为满分，每错1个扣1分）	
	原料样品制备是否符合要求（10分）	充分混匀、四分法、取样量是否符合要求（符合要求8~10分；基本符合5~7分；不符合0~4分）	

考核项目	考核指标及分值	具体观测点	得分
任务完成度（80分）	一般观察（10分）	能够对原料样品的色泽、硬度、味道进行准确的描述（全部正确为满分，每错1个扣1分）	
	显微镜观察（10分）	能够对照图谱对原料样品的硬度、质地、结构进行准确的描述（全部正确为满分，每错1个扣1分）	
	观察记录（5分）	观察记录是否完整、详细（完整、详细4～5分；完整、不详细2～3分；不完整、不详细0～1分）	
	宠物食品包装原料成分分析（10分）	针对一款犬粮或者猫粮，将其外包装原料成分表中所列举的全部原料进行正确的分类（每错一个扣1分，扣完为止）	
	任务总结（5分）	有无对任务完成过程中存在的问题进行总结（合理、详细4～5分；合理、不详细2～3分；不合理、不详细0～1分）	
	工作手册提交（5分）	实施单填写工整，按时提交（0～5分）	
本项目得分		教师签名	

任务1-4 实施单

课程名称		任务名称	宠物食品的储存
班　　级		组　　别	
宠物食品名称	储存条件	放置位置	避免因素

情景模拟	请向您的客户讲解如何正确储存宠物食品(犬、猫粮、罐头、零食等,至少3个种类、5个产品)
分析总结	
小组成员签字	

任务1-4 考核单

课程名称			任务名称	宠物食品的储存
班　　级			组　　别	
小组成员				
考核项目	考核指标		具体观测点	得分
职业素养（15分）	礼仪形象（5分）		模拟推荐过程穿着得当、使用专业用语、语速得当、礼仪形态理想（较好4~5分；一般2~3分；较差0~1分）	
	诚信服务（5分）		对待客户面带微笑、认真耐心、讲诚信（较好4~5分；一般2~3分；较差0~1分）	
	团队协作、踏实付出的精神（5分）		小组完成任务、汇报等贡献（共同完成任务、积极主动5分；共同完成任务、积极性一般3~4分；被动参与或不参与0~2分）	
任务完成度（85分）	自主学习（10分）		通过提问方式检查任务完成所需理论知识准备（充分8~10分；一般5~7分；不足0~4分）	
	产品数量（10分）		宠物食品准备种类和数量是否符合要求（10个满分，每少1个减1分）	
	储存条件识别（15分）		储存条件识别内容是否全面、描述是否详细（全面、描述详细12~15分；全面、描述不详细9~11分；不全面、描述不详细0~8分）	
	储存食品（10分）		将宠物食品按照储存条件的要求，找到合适的环境，并将宠物食品放置正确的位置（10个全部正确为满分，放置错误1个减1分）	

考核项目	考核指标	具体观测点	得分
任务完成度（85分）	情景模拟（30分）	情景模拟过程中是否完成5个产品的解读（5个10分，每少1个减2分）	
		情景模拟过程中，能否将每一款产品的储存条件进行全面细致的解读（全面、解读详细15～20分；全面、解读不详细8～14分；不全面、解读不详细0～7分）	
	任务总结（5分）	有无对任务完成过程中存在的问题进行总结（合理、详细4～5分；合理、不详细2～3分；不合理、不详细0～1分）	
	工作手册提交（5分）	实施单填写工整，按时提交（0～5分）	
本项目得分		教师签名	

任务2-1 实施单

课程名称				任务名称	宠物食品分类与识别
班　　级				组　　别	
宠物食品市场调查内容	调查时间			调查城市	
	调查形式			调查对象	
	1号门店	门店名称			
		所销售宠物食品种类（并为其进行正确的分类）			
	2号门店	门店名称			
		所销售宠物食品种类（并为其进行正确的分类）			
	3号门店	门店名称			
		所销售宠物食品种类（并为其进行正确的分类）			
	4号门店	门店名称			
		所销售宠物食品种类（并为其进行正确的分类）			
	5号门店	门店名称			
		所销售宠物食品种类（并为其进行正确的分类）			
宠物主人调查	调查时间			调查城市	
	调查形式			调查数量	
	利用制定好的调查问卷进行调查				

市场调查结果分析	1. 请从主粮购买频次、包装规格偏好、品牌偏好、消费痛点、宠物零食偏好、宠物零食购买频次、宠物营养品购买情况等具体进行分析。
	2. 请归纳门店销售较好的宠物主粮品牌以及品牌优势。
	3. 请归纳销售较好的宠物食品种类有哪些？

市场调查结果分析	4.调查过程中您发现的销售或者饲养误区有哪些？
任务总结	
小组成员签字	

注：请留好调查过程中的影像资料，用于任务汇报使用。

任务 2-1 考核单

课程名称		任务名称	宠物食品分类与识别
班　　级		组　　别	
小组成员			
考核项目	考核指标	具体观测点	得分
职业素养 （15分）	礼仪形象（5分）	模拟推荐过程穿着得当、使用专业用语、语速得当、礼仪形态理想（较好4～5分；一般2～3分；较差0～1分）	
	诚信服务（5分）	对待客户面带微笑、认真耐心、讲诚信（较好4～5分；一般2～3分；较差0～1分）	
	团队协作、踏实付出的精神（5分）	小组完成任务、汇报等贡献（共同完成任务、积极主动5分；共同完成任务、积极性一般3～4分；被动参与或不参与0～2分）	
任务完成度 （85分）	自主学习（10分）	通过提问方式检查任务完成所需理论知识准备（充分8～10分；一般5～7分；不足0～4分）	
	调查问卷设计（10分）	调查问卷设计是否合理，调查要素设计是否全面（全面、合理8～10分；全面、存在个别不合理因素5～7分；不全面、不合理因素较多0～4分）	
	宠物门店调查（20分）	宠物门店调查数量符合要求（5个10分，每少1个减2分）	
		宠物门店调查过程中，调查的宠物食品种类是否全面（全面8～10分；一般5～7分；不全面0～4分）	
	宠物调查（10分）	调查问卷数量是否符合要求（30个满分，每少1个减0.3分）	
	调查结果分析（10分）	调查结果分析及任务总结是否全面、详细（全面、详细8～10分；全面、不详细5～7分；不全面、不详细0～4分）	
	总结汇报（20分）	小组汇报影像资料齐全，汇报全面，能充分展示本组调查的全过程及调查的相关产品（优秀16～20分；良好11～15分；一般0～10分）	
	工作手册提交（5分）	实施单填写工整，按时提交（0～5分）	
本项目得分		教师签名	

任务2-2 实施单

课程名称			任务名称	宠物犬主粮推荐
班　级			组　别	
宠物信息		宠物姓名	宠物基本信息	
		备选宠物信息		
		小　花	雪纳瑞犬,1.5kg,9月龄,皮肤正常,胃肠功能不好	
		七　喜	贵宾犬,5kg,8岁,被毛无光泽,排便正常	
		饭　团	比熊犬,6kg,4岁,被毛无光泽,排便正常	
		大　壮	边境牧羊犬,21kg,5岁,皮肤健康,排便正常	
		点　点	大麦町犬,24kg,9岁,皮肤健康,排便正常	
		大　K	拉布拉多犬,29kg,5岁,皮肤健康,排便正常	
		小　罗	罗威纳犬,27kg,7岁,皮肤健康,排便正常	
模拟推荐过程	请选择5只犬进行情景模拟推荐			
	客户A		销售人员A	
	犬只A		推荐犬粮	
	选择此款犬粮原因			
	客户B		销售人员B	
	犬只B		推荐犬粮	
	选择此款犬粮原因			

	客户 C		销售人员 C	
	犬只 C		推荐犬粮	
	选择此款犬粮原因			
	客户 D		销售人员 D	
模拟推荐过程	犬只 D		推荐犬粮	
	选择此款犬粮原因			
	客户 E		销售人员 E	
	犬只 E		推荐犬粮	
	选择此款犬粮原因			

门店销售	本组门店销售实践情况介绍
任务总结	
小组成员签字	

任务2-2 考核单

课程名称		任务名称	宠物犬主粮推荐
班　级		组　别	
小组成员			

考核项目	考核指标	具体观测点	得分
职业素养（15分）	礼仪形象（5分）	模拟推荐过程穿着得当、使用专业用语、语速得当、礼仪形态理想（较好4～5分；一般2～3分；较差0～1分）	
	诚信服务（5分）	对待客户面带微笑、认真耐心、讲诚信（较好4～5分；一般2～3分；较差0～1分）	
	团队协作、踏实付出的精神（5分）	小组完成任务、汇报等贡献（共同完成任务、积极主动5分；共同完成任务、积极性一般3～4分；被动参与或不参与0～2分）	
任务完成度（85分）	自主学习（10分）	通过提问方式检查任务完成所需理论知识准备（充分8～10分；一般5～7分；不足0～4分）	
	犬只数量（10分）	模拟推荐犬只的数量是否符合要求（5个满分，每少1个减2分）	
	根据犬只特点选择正确犬粮（20分）	能够根据犬只的基本信息为其选择适合的犬粮（犬只信息记录全面、描述详细，犬粮选择恰当16～20分；犬只信息记录全面、描述不详细或犬粮选择存在问题9～15分；犬只信息记录不全面、描述不详细或犬粮选择不恰当0～8分）	

考核项目	考核指标	具体观测点	得分
任务完成度（85分）	情景模拟（30分）	情景模拟过程中是否完成5种犬粮的解读（10分，每少1个减2分）	
		情景模拟过程中，能否针对每一只犬进行全面细致的解读（全面、解读详细15～20分；全面、解读不详细8～14分；不全面、解读不详细0～7分）	
	任务总结（10分）	有无对任务完成过程中存在的问题进行总结（合理、详细8～10分；合理、不详细5～7分；不合理、不详细0～4分）	
	工作手册提交（5分）	实施单填写工整，按时提交（0～5分）	
附加分（10分）	门店实践	是否能够独立在宠物门店进行犬粮销售（能独立熟练完成8～10分；能独立完成但不熟练5～7分；不能独立完成0～4分；需提供影像资料）	
本项目得分		教师签名	

任务2-3　实施单

课程名称			任务名称	宠物猫主粮推荐
班　　级			组　别	
宠物信息	宠物姓名		宠物基本信息	
	备选宠物信息			
	小　咪		暹罗猫,3月龄,0.4kg,离乳期	
	小　Q		暹罗猫,8月龄,0.4kg,胃肠功能不好	
	豆　豆		中国狸花猫,2岁,8.8kg,超重	
	泡　泡		中国狸花猫,3岁,4kg,挑嘴	
	圆　圆		中国狸花猫,2岁,6kg	
	西　西		英国短毛猫,3岁,5kg	
	艾　米		波斯猫,4岁,4.5kg,掉毛严重	
	小　白		中国狸花猫,9岁,7kg	
模拟推荐过程	请选择5只猫进行情景模拟推荐			
	客户A		销售人员A	
	猫A		推荐猫粮	
	选择此款猫粮原因			
	客户B		销售人员B	
	猫B		推荐猫粮	
	选择此款猫粮原因			

模拟推荐过程	客户 C		销售人员 C	
	猫 C		推荐猫粮	
	选择此款猫粮原因			
	客户 D		销售人员 D	
	猫 D		推荐猫粮	
	选择此款猫粮原因			
	客户 E		销售人员 E	
	猫 E		推荐猫粮	
	选择此款猫粮原因			
门店销售	本组门店销售实践情况介绍			
任务总结				
小组成员签字				

任务2-3 考核单

课程名称		任务名称	宠物猫主粮推荐
班　级		组　别	
小组成员			

考核项目	考核指标	具体观测点	得分
职业素养（15分）	礼仪形象（5分）	模拟推荐过程穿着得当、使用专业用语、语速得当、礼仪形态理想（较好4～5分；一般2～3分；较差0～1分）	
	诚信服务（5分）	对待客户面带微笑、认真耐心、讲诚信（较好4～5分；一般2～3分；较差0～1分）	
	团队协作、踏实付出的精神（5分）	小组完成任务、汇报等贡献（共同完成任务、积极主动5分；共同完成任务、积极性一般3～4分；被动参与或不参与0～2分）	
任务完成度（85分）	自主学习（10分）	通过提问方式检查任务完成所需理论知识准备（充分8～10分；一般5～7分；不足0～4分）	
	猫数量（10分）	模拟推荐猫的数量是否符合要求（5个满分，每少1个减2分）	
	根据猫的特点选择正确猫粮（20分）	能够根据猫的基本信息为其选择适合的猫粮（猫信息记录全面、描述详细，猫粮选择恰当16～20分；猫信息记录全面、描述不详细或猫粮选择存在问题9～15分；猫信息记录不全面、描述不详细或猫粮选择不恰当0～8分）	

考核项目	考核指标	具体观测点	得分
任务完成度（85分）	情景模拟（30分）	情景模拟过程中是否完成5款猫粮的解读（10分，每少1个减2分）	
		情景模拟过程中，能否针对每一只猫进行全面细致的解读（全面、解读详细15～20分；全面、解读不详细8～14分；不全面、解读不详细0～7分）	
	任务总结（10分）	有无对任务完成过程中存在的问题进行总结（合理、详细8～10分；合理、不详细5～7分；不合理、不详细0～4分）	
	工作手册提交（5分）	实施单填写工整，按时提交（0～5分）	
附加分（10分）	门店实践	是否能够独立在宠物门店进行猫粮销售（能独立熟练完成8～10分；能独立完成但不熟练5～7分；不能独立完成0～4分）	
本项目得分		教师签名	

任务2-4 实施单

课程名称			任务名称	犬、猫粮的对比分析
班　级			组　别	
对比分析	对比犬、猫营养需要,分析同一品牌同一生命时期犬、猫粮的区别			
	品牌		适用生命时期	
	营养成分	单位	犬粮	猫粮
	粗蛋白			
	精氨酸			
	牛磺酸			
	脂　肪			
	维生素A			
	维生素B			
	其他营养元素			
	品牌		适用生命时期	
	营养成分	单位	犬粮	猫粮
	粗蛋白			
	精氨酸			
	牛磺酸			
	脂　肪			
	维生素A			
	维生素B			
	其他营养元素			

情景模拟	您的顾客家里同时养了几只犬、猫,平时经常不注意区分,犬粮猫粮随意饲喂,请为您的客户分析同一时期犬、猫粮的区别,普及科学饲养的理念,纠正饲养误区,并记录实施过程
	养宠环境记录(犬、猫数量及生命时期)
	饲喂的犬、猫粮信息记录(主粮品牌和适用生命时期)

情景模拟	分析存在的饲养误区	
	讲解推荐过程记录	
门店实践		
任务总结		
小组成员签字		

注：如无实物，要有对应的照片（产品正面照片、反面照片、侧面照片，其中原料成分、成分分析、饲养指南照片要特写）。照片电子版以产品名称命名，例：XX品牌犬粮——成分分析表。

任务2-4 考核单

课程名称		任务名称	犬、猫粮的对比分析	
班　　级		组　　别		
小组成员				
考核项目	考核指标	具体观测点		得分
职业素养（20分）	礼仪形象（5分）	模拟推荐过程穿着得当、使用专业用语、语速得当、礼仪形态理想（较好4～5分；一般2～3分；较差0～1分）		
	诚信服务（5分）	对待客户面带微笑、认真耐心、讲诚信（较好4～5分；一般2～3分；较差0～1分）		
	科学饲养理念（5分）	针对客户存在的饲养误区，主动进行科学饲养普及（积极主动5分；积极性一般3～4分；被动参与或不参与0～2分）		
	团队协作、踏实付出的精神（5分）	小组完成任务、汇报等贡献（共同完成任务、积极主动5分；共同完成任务、积极性一般3～4分；被动参与或不参与0～2分）		
任务完成度（80分）	自主学习（10分）	通过提问方式检查任务完成所需理论知识准备（充分8～10分；一般5～7分；不足0～4分）		
	任务准备是否充分（5分）	任务完成所需的产品数量及角色分工等准备（充分4～5分；不充分1～3分；未准备0分）		
	分析产品数量（10分）	分析产品的数量是否符合要求（2个满分，每少1个减5分）		
	分析犬、猫粮区别（10分）	对照营养需求标准，分析同一品牌同一生命时期犬、猫粮的区别，数值查找是否准确（全面、准确8～10分；全面、有错误5～7分；不全面、不准确0～4分）		
	情景模拟（30分）	情景模拟过程中是否将犬、猫及主粮信息询问记录完整（全面、准确8～10分；全面、有错误5～7分；不全面、不准确0～4分）		
		情景模拟过程中，是否能够准确分析客户存在的饲养误区并进行全面讲解（全面、分析清晰15～20分；全面、分析不清晰8～14分；不全面、分析不清晰0～7分）		
	任务总结（10分）	有无对任务完成过程中存在的问题进行总结（合理、详细8～10分；合理、不详细5～7分；不合理、不详细0～4分）		
	工作手册提交（5分）	实施单填写工整，按时提交（0～5分）		
附加分（10分）	门店实践	是否能够独立在宠物门店进行犬、猫粮销售（能独立熟练完成8～10分；能独立完成但不熟练5～7分；不能独立完成0～4分）		
本项目得分		教师签名		

任务 3-1　实施单

课程名称		任务名称	幼犬饲喂方案制定及执行
班　　级		组　　别	
制定饲喂方案	请您为仔犬制定饲喂方案,方案要详细具体(参照犬只:贵宾新生仔犬7日龄、母犬)		
	请您为幼犬制定(调整)饲喂方案,方案要详细具体 参照犬只:比熊幼犬6月龄、母犬;饲喂食物为奶粉泡成犬粮;每天饲喂2次,时间不固定,早晚各一次;饮水为自来水,早晚一次。 1. 分析现行饲喂方案 2. 如需调整,调整后的方案为:		
执行饲喂方案	如实训条件允许,请执行制定的饲喂方案;如无可实施条件,可模拟执行饲喂方案,并做好记录 1. 仔犬饲喂方案执行记录		

执行饲喂方案	2.幼犬饲喂方案执行记录
分析总结调整方案	对在执行(模拟执行)过程中发现的问题,进行总结分析,调整饲喂方案 1.实施过程总结 2.仔犬最终饲喂方案 3.幼犬最终饲喂方案
小组成员签字	

任务 3-1 考核单

课程名称		任务名称	幼犬饲喂方案制定及执行
班　　级		组　　别	
小组成员			

考核项目	考核指标	具体观测点	得分
职业素养 (15分)	综合思维能力 (5分)	能够通过总结归纳分析实际情况,制定合理的饲喂方案。考虑问题是否全面细心专业(较好4～5分;一般2～3分;较差0～1分)	
	科学饲养理念(5分)	针对客户存在的饲养误区,是否主动进行科学饲养普及(积极主动5分;积极性一般3～4分;被动参与或不参与0～2分)	
	团队协作、踏实付出的精神(5分)	小组完成任务、汇报等贡献(共同完成任务、积极主动5分;共同完成任务、积极性一般3～4分;被动参与或不参与0～2分)	
任务完成度 (85分)	自主学习(10分)	通过提问方式检查任务完成所需理论知识准备(充分8～10分;一般5～7分;不足0～4分)	
	任务准备是否充分 (5分)	任务完成所需的犬只数量等准备(充分4～5分;不充分1～3分;未准备0分)	
	方案制定(35分)	仔犬饲喂方案的制定是否科学、全面15分(合理、全面13～15分;一般9～12分;不合理、不全面0～8分)	
		幼犬现行饲喂方案分析是否准确,是否做出调整,调整后方案是否科学、全面20分(科学、全面15～20分;一般10～14分;不全面、不科学0～9分)	

考核项目	考核指标	具体观测点	得分
任务完成度 （85分）	执行方案（10分）	能够执行制定的饲喂方案，并做好过程记录，执行次数是否符合要求（正确执行、及时记录、次数达标8～10分；执行方案不全、记录不全、次数不达标5～7分；未执行、未记录0～4分）	
	方案调整（10分）	能够针对执行方案过程中存在的问题，进行总结分析，并及时做出调整（调整后方案科学合理8～10分；存在不合理之处5～7分；不合理、不详细0～4分）	
	任务总结（10分）	有无对任务完成过程中存在的问题进行总结（合理、详细8～10分；合理、不详细5～7分；不合理、不详细0～4分）	
	工作手册提交（5分）	实施单填写工整，按时提交（0～5分）	
本项目得分		教师签名	

任务3-2 实施单

课程名称		任务名称	成年犬饲喂方案制定及执行
班　　级		组　　别	
制定饲喂方案	请您为成年犬制定（调整）饲喂方案，方案要详细具体。 参照犬只：贵宾犬15月龄、母犬、体重4kg；饲喂食物为贵宾犬幼犬犬粮；每天饲喂2次，时间不固定，早晚各一次；饮水为自来水，早晚各一次。 1.分析现行饲喂方案 2.如需调整，调整后的方案为：		
执行饲喂方案	如实训条件允许，请执行制定的饲喂方案；如无可实施条件，可模拟执行饲喂方案，并做好记录。 饲喂方案执行记录		

分析总结 调整方案	对在执行(模拟执行)过程中发现的问题,进行总结分析,调整饲喂方案。 1. 实施过程总结 2. 最终饲喂方案
小组成员签字	

任务3-2 考核单

课程名称			任务名称	成年犬饲喂方案制定及执行
班　　级			组　　别	
小组成员				

考核项目	考核指标	具体观测点		得分
职业素养（15分）	综合思维能力（5分）	能够通过总结归纳分析实际情况，制定合理的饲喂方案。考虑问题是否全面细心专业（较好4～5分；一般2～3分；较差0～1分）		
	科学饲养理念（5分）	针对客户存在的饲养误区，主动进行科学饲养普及（积极主动5分；积极性一般3～4分；被动参与或不参与0～2分）		
	团队协作、踏实付出的精神（5分）	小组完成任务、汇报等贡献（共同完成任务、积极主动5分；共同完成任务、积极性一般3～4分；被动参与或不参与0～2分）		
任务完成度（85分）	自主学习（10分）	通过提问方式检查任务完成所需理论知识准备（充分8～10分；一般5～7分；不足0～4分）		
	任务准备是否充分（5分）	任务完成所需的犬只数量等准备（充分4～5分；不充分1～3分；未准备0分）		
	方案制定（20分）	成年犬现行饲喂方案分析是否准确，是否做出调整，调整后方案是否科学、全面20分（科学、全面15～20分；一般10～14分；不全面、不科学0～9分）		

考核项目	考核指标	具体观测点	得分
任务完成度（85分）	执行方案（20分）	能够执行制定的饲喂方案，并做好过程记录，执行次数是否符合要求（正确执行、及时记录、次数达标16～20分；执行方案不全、记录不全、次数不达标10～15分；未执行或未记录0～9分）	
	方案调整（15分）	能够针对执行方案过程中存在的问题，进行总结分析，并及时做出调整（调整后方案科学合理12～15分；存在不合理之处9～11分；不合理、不详细0～8分）	
	任务总结（10分）	有无对任务完成过程中存在的问题进行总结（合理、详细8～10分；合理、不详细5～7分；不合理、不详细0～4分）	
	工作手册提交（5分）	实施单填写工整，按时提交（0～5分）	
本项目得分		教师签名	

任务3-3 实施单

课程名称		任务名称	老年犬饲喂方案制定及执行
班　　级		组　　别	
制定饲喂方案	请您为老年犬制定（调整）饲喂方案，方案要详细具体。 参照犬只：贵宾犬9岁、母犬、体重4kg；饲喂食物为贵宾犬成年犬粮；每天饲喂2次，时间不固定，早晚各一次；饮水为自来水，早晚各一次。 1. 分析现行饲喂方案 2. 如需调整，调整后的方案为：		
执行饲喂方案	如实训条件允许，请执行制定的饲喂方案；如无可实施条件，可模拟执行饲喂方案，并做好记录。 　饲喂方案执行记录		

分析总结 调整方案	对在执行(模拟执行)过程中发现的问题,进行总结分析,调整饲喂方案。 1. 实施过程总结 2. 最终饲喂方案
小组成员签字	

任务3-3 考核单

课程名称		任务名称	老年犬饲喂方案制定及执行
班　　级		组　　别	
小组成员			

考核项目	考核指标	具体观测点	得分
职业素养 （15分）	综合思维能力 （5分）	能够通过总结归纳分析实际情况，制定合理的饲喂方案。考虑问题是否全面细心专业（较好4～5分；一般2～3分；较差0～1分）	
	科学饲养理念（5分）	针对客户存在的饲养误区，主动进行科学饲养普及（积极主动5分；积极性一般3～4分；被动参与或不参与0～2分）	
	团队协作、踏实付出的精神（5分）	小组完成任务、汇报等贡献（共同完成任务、积极主动5分；共同完成任务、积极性一般3～4分；被动参与或不参与0～2分）	
任务完成度 （85分）	自主学习（10分）	通过提问方式检查任务完成所需理论知识准备（充分8～10分；一般5～7分；不足0～4分）	
	任务准备是否充分（5分）	任务完成所需的犬只数量等准备（充分4～5分；不充分1～3分；未准备0分）	
	方案制定（20分）	老年犬现行饲喂方案分析是否准确，是否做出调整，调整后方案是否科学、全面20分（科学、全面15～20分；一般10～14分；不全面、不科学0～9分）	

考核项目	考核指标	具体观测点	得分
任务完成度（85分）	执行方案（20分）	能够执行制定的饲喂方案,并做好过程记录,执行次数是否符合要求（正确执行、及时记录、次数达标16～20分；执行方案不全，记录不全，次数不达标10～15分；未执行或未记录0～9分）	
	方案调整（15分）	能够针对执行方案过程中存在的问题,进行总结分析,并及时做出调整（调整后方案科学合理12～15分；存在不合理之处9～11分；不合理、不详细0～8分）	
	任务总结（10分）	有无对任务完成过程中存在的问题进行总结（合理、详细8～10分；合理、不详细5～7分；不合理、不详细0～4分）	
	工作手册提交（5分）	实施单填写工整,按时提交（0～5分）	
本项目得分		教师签名	

任务 3-4　实施单

课程名称		任务名称	幼猫饲喂方案制定及执行
班　级		组　别	
制定饲喂方案	请您为仔猫制定饲喂方案,方案要详细具体(参照猫:新生仔猫 7 日龄、母猫)		
	请您为幼猫制定(调整)饲喂方案,方案要详细具体。 参照猫:幼猫 7 月龄、母猫;饲喂某品牌全生命阶段通用型猫粮;每天饲喂 2 次,时间不固定,早晚各一次;饮水为自来水,早晚一次。 1. 分析现行饲喂方案 2. 如需调整,调整后的方案为:		
执行饲喂方案	如实训条件允许,请执行制定的饲喂方案,如无可实施条件,可模拟执行饲喂方案,并做好记录。 1. 仔猫饲喂方案执行记录		

执行饲喂方案	2.幼猫饲喂方案执行记录
分析总结 调整方案	对在执行(模拟执行)过程中发现的问题,进行总结分析,调整饲喂方案。 1.实施过程总结 2.仔猫最终饲喂方案 3.幼猫最终饲喂方案
小组成员签字	

任务3-4 考核单

课程名称			任务名称	幼猫饲喂方案制定及执行
班　　级			组　　别	
小组成员				
考核项目	考核指标		具体观测点	得分
职业素养 (15分)	综合思维能力 (5分)		能够通过总结归纳分析实际情况,制定合理的饲喂方案。考虑问题是否全面细心专业(较好4～5分;一般2～3分;较差0～1分)	
	科学饲养理念(5分)		针对客户存在的饲养误区,主动进行科学饲养普及(积极主动5分;积极性一般3～4分;被动参与或不参与0～2分)	
	团队协作、踏实付出的精神 (5分)		小组完成任务、汇报等贡献(共同完成任务、积极主动5分;共同完成任务、积极性一般3～4分;被动参与或不参与0～2分)	
任务完成度 (85分)	自主学习(10分)		通过提问方式检查任务完成所需理论知识准备(充分8～10分;一般5～7分;不足0～4分)	
	任务准备是否充分 (5分)		任务完成所需的猫数量等准备(充分4～5分;不充分1～3分;未准备0分)	
	方案制定(35分)		仔猫饲喂方案的制定是否科学、全面15分(合理、全面13～15分;一般9～12分;不合理、不全面0～8分)	
			幼猫现行饲喂方案分析是否准确,是否做出调整,调整后方案是否科学、全面20分(科学、全面15～20分;一般10～14分;不全面、不科学0～9分)	

考核项目	考核指标	具体观测点	得分
任务完成度（85分）	执行方案（10分）	能够执行制定的饲喂方案，并做好过程记录，执行次数是否符合要求（正确执行、及时记录、次数达标 8～10分；执行方案不全、记录不全、次数不达标 5～7分；未执行、未记录 0～4分）	
	方案调整（10分）	能够针对执行方案过程中存在的问题，进行总结分析，并及时做出调整（调整后方案科学合理 8～10分；存在不合理之处 5～7分；不合理、不详细 0～4分）	
	任务总结（10分）	有无对任务完成过程中存在的问题进行总结（合理、详细 8～10分；合理、不详细 5～7分；不合理、不详细 0～4分）	
	工作手册提交（5分）	实施单填写工整，按时提交（0～5分）	
本项目得分		教师签名	

任务3-5 实施单

课程名称		任务名称	成年猫饲喂方案制定及执行
班　　级		组　　别	
制定饲喂方案	请您为成年猫制定(调整)饲喂方案,方案要详细具体。 参照猫:15月龄、母猫;饲喂食物为幼猫粮;每天饲喂2次,时间不固定,早晚各一次;饮水为自来水,早晚各一次。 1. 分析现行饲喂方案 2. 如需调整,调整后的方案为:		
执行饲喂方案	如实训条件允许,请执行制定的饲喂方案;如无可实施条件,可模拟执行饲喂方案,并做好记录。 饲喂方案执行记录		

分析总结 调整方案	对在执行（模拟执行）过程中发现的问题，进行总结分析，调整饲喂方案。 1. 实施过程总结 2. 最终饲喂方案
小组成员签字	

任务3-5 考核单

课程名称			任务名称	成年猫饲喂方案制定及执行
班　级			组　别	
小组成员				
考核项目	考核指标		具体观测点	得分
职业素养 （15分）	综合思维能力 （5分）		能够通过总结归纳分析实际情况，制定合理的饲喂方案。考虑问题是否全面细心专业（较好4～5分；一般2～3分；较差0～1分）	
	科学饲养理念（5分）		针对客户存在的饲养误区，主动进行科学饲养普及（积极主动5分；积极性一般3～4分；被动参与或不参与0～2分）	
	团队协作、踏实付出的精神 （5分）		小组完成任务、汇报等贡献（共同完成任务、积极主动5分；共同完成任务、积极性一般3～4分；被动参与或不参与0～2分）	
任务完成度 （85分）	自主学习（10分）		通过提问方式检查任务完成所需理论知识准备（充分8～10分；一般5～7分；不足0～4分）	
	任务准备是否充分（5分）		任务完成所需猫的数量等准备（充分4～5分；不充分1～3分；未准备0分）	
	方案制定（20分）		成年猫现行饲喂方案分析是否准确，是否做出调整，调整后方案是否科学、全面20分（科学、全面15～20分；一般10～14分；不全面、不科学0～9分）	

考核项目	考核指标	具体观测点	得分
任务完成度（85分）	执行方案（20分）	能够执行制定的饲喂方案，并做好过程记录，执行次数是否符合要求（正确执行、及时记录、次数达标16～20分；执行方案不全、记录不全、次数不达标10～15分；未执行或未记录0～9分）	
	方案调整（15分）	能够针对执行方案过程中存在的问题，进行总结分析，并及时做出调整（调整后方案科学合理12～15分；存在不合理之处9～11分；不合理、不详细0～8分）	
	任务总结（10分）	有无对任务完成过程中存在的问题进行总结（合理、详细8～10分；合理、不详细5～7分；不合理、不详细0～4分）	
	工作手册提交（5分）	实施单填写工整，按时提交（0～5分）	
本项目得分		教师签名	

任务3-6 实施单

课程名称		任务名称	老年猫饲喂方案制定及执行
班 级		组 别	
制定饲喂方案	请您为老年猫制定(调整)饲喂方案,方案要详细具体。 参照猫:9岁、母猫;饲喂食物为成年犬粮;多猫环境,同时饲喂,每天饲喂2次,时间不固定,早晚各一次;饮水为自来水,早晚各一次。 1. 分析现行饲喂方案 2. 如需调整,调整后的方案为:		
执行饲喂方案	如实训条件允许,请执行制定的饲喂方案;如无可实施条件,可模拟执行饲喂方案,并做好记录。 饲喂方案执行记录		

分析总结 调整方案	对在执行（模拟执行）过程中发现的问题，进行总结分析，调整饲喂方案。 1. 实施过程总结 2. 最终饲喂方案
小组成员签字	

任务3-6 考核单

课程名称		任务名称	老年猫饲喂方案制定及执行
班　　级		组　　别	
小组成员			

考核项目	考核指标	具体观测点	得分
职业素养 （15分）	综合思维能力 （5分）	能够通过总结归纳分析实际情况，制定合理的饲喂方案。考虑问题是否全面细心专业（较好4～5分；一般2～3分；较差0～1分）	
	科学饲养理念（5分）	针对客户存在的饲养误区，主动进行科学饲养普及（积极主动5分；积极性一般3～4分；被动参与或不参与0～2分）	
	团队协作、踏实付出的精神 （5分）	小组完成任务、汇报等贡献（共同完成任务、积极主动5分；共同完成任务、积极性一般3～4分；被动参与或不参与0～2分）	
任务完成度 （85分）	自主学习（10分）	通过提问方式检查任务完成所需理论知识准备（充分8～10分；一般5～7分；不足0～4分）	
	任务准备是否充分（5分）	任务完成所需猫的数量等准备（充分4～5分；不充分1～3分；未准备0分）	
	方案制定（20分）	老年猫现行饲喂方案分析是否准确，是否做出调整，调整后方案是否科学、全面20分（科学、全面15～20分；一般10～14分；不全面、不科学0～9分）	

考核项目	考核指标	具体观测点	得分
任务完成度（85分）	执行方案（20分）	能够执行制定的饲喂方案，并做好过程记录，执行次数是否符合要求（正确执行、及时记录、次数达标16～20分；执行方案不全、记录不全、次数不达标10～15分；未执行或未记录0～9分）	
	方案调整（15分）	能够针对执行方案过程中存在的问题，进行总结分析，并及时做出调整（调整后方案科学合理12～15分；存在不合理之处9～11分；不合理、不详细0～8分）	
	任务总结（10分）	有无对任务完成过程中存在的问题进行总结（合理、详细8～10分；合理、不详细5～7分；不合理、不详细0～4分）	
	工作手册提交（5分）	实施单填写工整，按时提交（0～5分）	
本项目得分		教师签名	

任务3-7 实施单

课程名称		任务名称	特殊时期宠物的饲喂方案制定及执行
班　　级		组　　别	
制定饲喂方案	请您为妊娠期或哺乳期宠物制定(调整)饲喂方案,方案要详细具体。 参照宠物:小Q,3岁,妊娠5周;小雪(4岁,母犬),刚刚生产完。 1. 分析现行饲喂方案(根据实际情况填写) 2. 制定(调整)后的方案为:		
	请您为孤猫或孤犬制定饲喂方案,方案要详细具体(参照猫:新生仔猫3日龄、孤猫)		
执行饲喂方案	如实训条件允许,请执行制定的饲喂方案;如无可实施条件,可模拟执行饲喂方案,并做好记录。 1. 妊娠期或哺乳期饲喂方案执行记录		

执行饲喂方案	2. 孤犬或孤猫饲喂方案执行记录
分析总结 调整方案	对在执行(模拟执行)过程中发现的问题,进行总结分析,调整饲喂方案。 1. 实施过程总结 2. 妊娠期或哺乳期最终饲喂方案 3. 孤犬或孤猫最终饲喂方案
小组成员签字	

任务 3-7 考核单

课程名称		任务名称	特殊时期宠物的饲喂方案制定及执行
班　级		组　　别	
小组成员			

考核项目	考核指标	具体观测点	得分
职业素养 (15分)	综合思维能力 (5分)	能够通过总结归纳分析实际情况,制定合理的饲喂方案。考虑问题是否全面细心专业(较好4～5分;一般2～3分;较差0～1分)	
	科学饲养理念(5分)	针对客户存在的饲养误区,主动进行科学饲养普及(积极主动5分;积极性一般3～4分;被动参与或不参与0～2分)	
	团队协作、踏实付出的精神 (5分)	小组完成任务、汇报等贡献(共同完成任务,积极主动5分;共同完成任务,积极性一般3～4分;被动参与或不参与0～2分)	
任务完成度 (85分)	自主学习(10分)	通过提问方式检查任务完成所需理论知识准备(充分8～10分;一般5～7分;不足0～4分)	
	任务准备是否充分(5分)	任务完成所需的宠物数量等准备(充分4～5分;不充分1～3分;未准备0分)	
	方案制定(35分)	妊娠期或哺乳期宠物现行饲喂方案分析是否准确,是否做出调整,调整后方案是否科学、全面20分(科学、全面15～20分;一般10～14分;不全面、不科学0～9分)	
		孤犬或孤猫的饲喂方案的制定是否科学、全面15分(科学、全面13～15分;一般9～12分;不科学、不全面0～8分)	

考核项目	考核指标	具体观测点	得分
任务完成度（85分）	执行方案（10分）	能够执行制定的饲喂方案，并做好过程记录，执行次数是否符合要求（正确执行、及时记录、次数达标8～10分；执行方案不全、记录不全、次数不达标5～7分；未执行、未记录0～4分）	
	方案调整（10分）	能够针对执行方案过程中存在的问题，进行总结分析，并及时做出调整（调整后方案科学合理8～10分；存在不合理之处5～7分；不合理、不详细0～4分）	
	任务总结（10分）	有无对任务完成过程中存在的问题进行总结（合理、详细8～10分；合理、不详细5～7分；不合理、不详细0～4分）	
	工作手册提交（5分）	实施单填写工整，按时提交（0～5分）	
本项目得分		教师签名	

任务 4-1 实施单

课程名称			任务名称	犬、猫体况评价
班　　级			组　　别	
观察时间			观察地点	

犬（猫）名字	触摸检查结果描述	侧视检查结果描述	俯视检查结果描述	体况评分（5分制）	结果判断

犬(猫)名字	触摸检查结果描述	侧视检查结果描述	俯视检查结果描述	体况评分（5分制）	结果判断
分析总结及建议					
小组成员签字					

任务4-1 考核单

课程名称		任务名称	犬、猫体况评价
班级		组别	
小组成员			
考核项目	考核指标及分值	具体观测点	得分
职业素养（15分）	规范意识及严谨认真的态度（5分）	任务实施过程中操作规范性及严谨认真的工作态度（按照规范操作、严谨认真4～5分；有操作不规范现象、严谨认真2～3分；操作不规范、态度不认真0～1分）	
	安全意识（5分）	是否注意维护犬、猫的安全，观察不同犬、猫过程中有无注意卫生消毒（安全意识较强，无事故发生，注意消毒4～5分；安全意识一般，无事故发生，未进行消毒1～3分；安全意识较弱，发生犬、猫脱离控制等事故未时刻关注犬、猫安全，但注意消毒0分）	
	团队协作、踏实付出的精神（5分）	小组完成任务、汇报等贡献（共同完成任务、积极主动4～5分；共同完成任务、积极性一般2～3分；被动参与或不参与0～1分）	
任务完成度（85分）	自主学习（10分）	通过提问方式检查任务完成所需理论知识准备（充分8～10分；一般5～7分；不足0～4分）	
	任务准备是否充分（5分）	任务完成所需的犬、猫数量等准备（充分4～5分；不充分1～3分；未准备0分）	
	数量要求（5分）	实施过程中观察犬、猫的数量是否符合要求（10只满分，每少1只减0.5分）	

考核项目	考核指标及分值	具体观测点	得分
任务完成度（85分）	体况评价操作步骤（20分）	每只犬（猫）体况评分是否按照流程检查并对每一步检查结果进行详细描述（每只犬、猫观察过程中，步骤完整、描述详细得2分；如存在缺步骤扣1分、描述不详细扣1分）	
	体况评价结果（20分）	实施过程中犬、猫的体况评分是否准确（每只犬评分准确得2分）	
	结果判断（10分）	结果判断是否准确（每只犬评分准确得1分）	
	任务总结（10分）	是否针对所观察的犬（猫）体况情况，做出分析总结，并给出合理的建议（总结全面、建议合理9～10分；总结全面、建议存在不合理性6～8分；总结不全面、建议较合理4～5分；总结不全面、建议不合理0～3分）	
	工作手册提交（5分）	实施单填写工整，按时提交（0～5分）	
本项目得分		教师签名	

任务4-2实施单

课程名称			任务名称	宠物营养状况观察与分析
班　　级			组　　别	
观察地点			观察时间	
宠物姓名				

	主要指标	详细指标	具体内容	实际情况
营养评价	动物	年龄	幼年期、成年期、老年期	
		生理状态	怀孕、哺乳期、疾病、过敏	
		活动量	室内犬、运动犬、工作犬	
	食物	安全性	霉变、生的食物	
		营养全面、均衡	对应的年龄及生理状态	
		消化性		
		适口性		
		饲喂量		
	饲喂方案和环境	频率	一天两次、一天多次	
		时间	犬多白天采食、猫昼夜采食	
		地点		
		饲喂方法	按顿饲喂、自由采食	
		环境	多只动物家庭	
风险筛查评估	风险因素			如果存在则打√
	胃肠道功能紊乱（例如呕吐、腹泻、恶心、腹胀、便秘）			
	之前或现在表现患病症状			
	现在正在服用药物和/或营养补充剂			
	非常规饮食（例如生食、家制食物、素食、不常见食物）			
	每日点心、零食、餐桌食物摄入量超过总能量的10%			
	室内随地便溺或量少			
	体格检查			
	体况评价（5分制）：小于或大于3分			
	营养缺乏或过量的症状			
	不明原因的体重变化			
	牙齿异常			
	皮肤或被毛状况差			

	主要指标	详细指标	具体内容	实际情况
深入评估	动物	采食量或采食行为改变		
		被毛的情况	干燥、皮屑	
		化验结果	血常规、生化、尿检、便检等	
		疾病和用药		
	饮食	食物的能量密度		
		评估其他营养来源	零食、餐桌食物、营养品、喂药的食物	
		如果怀疑食物中毒	送检食物	
		评估商品粮	原料、成分分析保证值、饲喂量、"全面均衡"标示语、生产商等信息	
		评估自制粮	原料、配方、制作方法、储存方式、维生素和矿物质、猫的特殊营养需要等；计算配方	
		不常见的饮食	生食、素食	
	饲喂方法和环境	饲喂者		
		饲喂频率和地点		
		多动物家庭		
		其他获得食物的可能	厨房、餐桌、院子等	
		活动	玩具、活动时间、地点、频率	
		环境应激		
所观察宠物当前营养状况分析		请从您观察到的营养缺乏或过量的症状方面进行具体描述		
制定饲喂计划		制定包括食物、饲喂方式、运动方式在内的饲喂计划		
任务总结				
小组成员签字				

任务4-2 考核单

课程名称		任务名称	宠物营养状况观察与分析
班　级		组　别	
小组成员			
考核项目	考核指标及分值	具体观测点	得分
职业素养 （15分）	规范意识及严谨认真的态度 （5分）	任务实施过程中操作规范性及严谨认真的工作态度（按照规范操作、严谨认真4～5分；有操作不规范现象，严谨认真2～3分；操作不规范、态度不认真0～1分）	
	安全意识（5分）	是否注意维护犬、猫的安全，观察不同犬、猫过程中有无注意卫生消毒（安全意识较强，无事故发生，注意消毒4～5分；安全意识一般，无事故发生，未进行消毒2～3分；安全意识较弱，发生犬、猫脱离控制等事故，未时刻关注犬、猫安全，但注意消毒0～1分）	
	团队协作、踏实付出的精神 （5分）	小组完成任务、汇报等贡献（共同完成任务、积极主动4～5分；共同完成任务、积极性一般2～3分；被动参与或不参与0～1分）	
任务完成度 （85分）	自主学习（10分）	通过提问方式检查任务完成所需理论知识准备（充分8～10分；一般5～7分；不足0～4分）	
	任务准备是否充分（6分）	任务完成所需的犬、猫数量等准备（充分5～6分；不充分1～4分；未准备0分）	
	数量要求（6分）	实施过程中观察犬、猫的数量是否符合要求（3只满分，每少1只减2分）	

考核项目	考核指标及分值	具体观测点	得分
任务完成度（85分）	营养评价操作步骤（18分）	每只犬(猫)营养评价是否按照流程检查并对每一步检查结果进行详细描述（每只犬、猫观察过程中，步骤完整、描述详细得6分；如存在缺步骤扣3分，描述不详细扣3分）	
	风险筛查及深入评估（10分）	是否进行风险筛查评估，并做出准确判断；如需深入评估，是否做出准确判断（准确、全面8～10分；一般4～7分；不全面、不准确0～3分）	
	营养状况分析（10分）	是否对犬、猫的营养状况进行分析，分析是否准确10分（准确、全面8～10分；一般4～7分；不全面、不准确0～3分）	
	饲喂计划制定（10分）	是否针对饲喂计划做出调整，调整后方案是否科学、全面10分（科学、全面8～10分；一般4～7分；不全面、不科学0～3分）	
	任务总结（10分）	有无对任务完成过程中存在的问题进行总结（合理、详细8～10分；合理、不详细5～7分；不合理、不详细0～4分）	
	工作手册提交（5分）	实施单填写工整，按时提交（0～5分）	
本项目得分		教师签名	

任务 4-3 实施单

课程名称		任务名称	宠物食品配方设计
班　　级		组　　别	
配方设计对象	请为成年维持期犬设计简单的饲料配方,且只需要考虑脂肪和蛋白质两个指标即可		
可选原料	鸡肉、牛肉、血粉、骨粉、牛奶、鱼粉、鸡蛋、玉米、大米、大豆、胡萝卜、南瓜、白菜、小麦麸、豆饼、大豆油		
配方设计过程	请在给出的可选原料中选择您所需要的原料		

配方设计过程：

1. 查阅饲养标准,确定成年犬最低维持需要的营养需要量

营养指标	营养需要量
粗蛋白 /%	
粗脂肪 /%	

2. 查饲养标准表,列出初选原料的营养成分及营养价值

原料	粗蛋白 /%	粗脂肪 /%

3. 使用试差法进行试配,初步确定各种风干饲料在配方中的重量百分比,并进行计算,得出初配饲料计算结果,并与饲养标准进行比较

原料	配比 /%	粗蛋白 /%	粗脂肪 /%

	原料	配比 /%	粗蛋白 /%	粗脂肪 /%
	合计			
	与饲养标准比较			

4.调整配方,达到营养指标与饲养标准基本相同或相近(一般控制在高出2%以内)

配方设计过程	原料种类	配比 /%	粗蛋白 /%	粗脂肪 /%
	合计			
	与饲养标准比较			

分析总结	
小组成员签字	

任务4-3 考核单

课程名称		任务名称	宠物食品配方设计
班 级		组 别	
小组成员			
考核项目	考核指标及分值	具体观测点	得分
职业素养 (15分)	规范意识及严谨认真的态度（5分）	任务实施过程中操作规范性及严谨认真的工作态度（按照规范操作、严谨认真4～5分；有操作不规范现象、严谨认真2～3分；操作不规范、态度不认真0～1分）	
	耐心细致（5分）	在运用试差法进行配方设计的过程中，是否能够耐心、细致地完成任务（非常有耐心且细致4～5分；耐心及细致程度一般1～3分；中途放弃无结果0分）	
	团队协作、踏实付出的精神（5分）	小组完成任务、汇报等贡献（共同完成任务、积极主动4～5分；共同完成任务、积极性一般2～3分；被动参与或不参与0～1分）	
任务完成度 (85分)	自主学习（10分）	通过提问方式检查任务完成所需理论知识准备（充分8～10分；一般5～7分；不足0～4分）	
	任务准备是否充分（5分）	任务准备工作是否充分（充分4～5分；不充分1～3分；未准备0分）	
	原料选择（5分）	原料选择是否充分考虑蛋白质和脂肪两个指标（充分4～5分；不充分1～3分；未选择0分）	

考核项目	考核指标及分值	具体观测点	得分
任务完成度（85分）	营养需要量确定（5分）	依据所准备的饲养标准查阅结果是否准确（准确5分；不完全正确1～4分；错误0分）	
	原料营养价值确定（5分）	依据所准备的饲养标准查阅结果是否准确（准确5分；不完全正确1～4分；错误0分）	
	初配（20分）	是否能够运用试差法进行试配，且比例及计算结果是否准确（完全准确20分；基本正确15～19分；存在错误1～14分；完全错误0分）	
	配方调整（20分）	配方达到营养指标与饲养标准基本相同或相近（完全准确20分；基本正确15～19分；存在错误1～14分；完全错误0分）	
	任务总结（10分）	有无对任务完成过程中存在的问题进行总结（合理、详细8～10分；合理、不详细5～7分；不合理、不详细0～4分）	
	工作手册提交（5分）	实施单填写工整，按时提交（0～5分）	
本项目得分		教师签名	

任务 4-4 实施单

课程名称		任务名称	创意宠物食品制作及推荐
班　级		组　别	
创意宠物食品名称			
配方及制作方法			
原料采购清单			

宠物食品制作过程	
分析总结及完善后的配方	
小组成员签字	

任务 4-4 考核单

课程名称		任务名称	创意宠物食品制作及推荐
班级		组别	
小组成员			
考核项目	考核指标及分值	具体观测点	得分
职业素养（15分）	创新意识及严谨认真的态度（5分）	任务完成的创新性及严谨认真的工作态度（按照配方操作、严谨认真4～5分；有操作不规范现象、严谨认真2～3分；操作不规范、态度不认真0～1分）	
	节约意识（5分）	原材料的采购及使用过程中是否有良好的节约意识（较好4～5分；一般2～3分；较差0～1分）	
	团队协作、踏实付出的精神（5分）	小组完成任务、汇报等贡献（共同完成任务、积极主动4～5分；共同完成任务、积极性一般2～3分；被动参与或不参与0～1分）	
任务完成度（85分）	自主学习（10分）	通过提问方式检查任务完成所需理论知识准备（充分8～10分；一般5～7分；不足0～4分）	
	任务准备是否充分（5分）	任务准备工作是否充分（充分4～5分；不充分1～3分；未准备0分）	
	原料采购清单整理（5分）	按照配方整理原料采购清单是否合理，是否详细（合理、详细4～5分；合理、不详细2～3分；不合理、不详细0～1分）	

考核项目	考核指标及分值	具体观测点	得分
任务完成度（85分）	制作过程（20分）	是否能够按照既定配方进行制作，且完成作品的制作（分工合作且完成顺畅18～20分；积极完成过程且完成较好10～17分；态度不积极0～9分）	
	作品展示（20分）	是否完成至少1款创意宠物食品，并将制作过程做出小视频进行展示（有作品、有视频且完成较好15～20分；有作品无视频或视频制作不好1～14；无作品或无视频0分）	
	产品推荐（10分）	能否讲出作品的创意并进行合理的推荐（讲解全面、解读详细8～10分；全面、解读不详细5～7分；不全面、解读不详细0～4分）	
	任务总结及配方调整（10分）	有无对任务完成过程中存在的问题进行总结并对配方进行调整（合理、详细、形成最终配方8～10分；合理、不详细、形成最终配方5～7分；不合理、不详细或无配方0～4分）	
	工作手册提交（5分）	实施单填写工整，按时提交（0～5分）	
本项目得分		教师签名	

任务5-1 实施单

课程名称		任务名称	宠物处方食品推荐
班　级		组　别	

病例编号1	宠物基本信息 （品种、年龄、性别）	
	宠物所患疾病	
	病例分析	
	处方食品的选择及原因	
	与宠物医生沟通确定（如有更换如实记录并写清楚原因）	
	推荐（模拟推荐）处方食品	

病例编号 2	宠物基本信息 (品种、年龄、性别)	
	宠物所患疾病	
	病例分析	
	处方食品的选择及原因	
	与宠物医生沟通确定(如有更换如实记录并写清楚原因)	
	推荐(模拟推荐)处方食品	
任务总结		
小组成员签字		

任务 5-1 考核单

课程名称		任务名称	宠物处方食品推荐
班　级		组　别	
小组成员			

考核项目	考核指标	具体观测点	得分
职业素养 （15 分）	礼仪形象（5 分）	模拟推荐过程穿着得当、使用专业用语、语速得当、礼仪形态理想（较好 4～5 分；一般 2～3 分；较差 0～1 分）	
	诚信服务（5 分）	对待客户面带微笑、认真耐心、讲诚信（较好 4～5 分；一般 2～3 分；较差 0～1 分）	
	团队协作、踏实付出的精神（5 分）	小组完成任务、汇报等贡献（共同完成任务、积极主动 5 分；共同完成任务、积极性一般 3～4 分；被动参与或不参与 0～2 分）	
任务完成度 （85 分）	自主学习（10 分）	通过提问方式检查任务完成所需理论知识准备（充分 8～10 分；一般 5～7 分；不足 0～4 分）	
	任务准备（10 分）	病例搜集的数量以及宠物处方食品的数量是否符合要求（病例 2 个满分 6，每少 1 个减 3 分；处方食品 10 个满分 4 分，每少 1 个减 0.4 分）	
	病例分析（10 分）	病例分析是否全面、描述是否详细（全面、描述详细 8～10 分；全面、描述不详细 5～7 分；不全面、描述不详细 0～4 分）	

考核项目	考核指标	具体观测点	得分
任务完成度（85分）	产品选择（10分）	是否能够针对病例的具体情况选择正确的宠物处方食品（产品选择恰当、有针对性8～10分；产品选择有偏差或缺少针对性5～7分；产品选择不恰当0～4分）	
	沟通确定（5分）	能够与宠物医生顺利沟通确定好所选产品（沟通顺利，交流顺畅4～5分；沟通不顺利或交流困难1～3分；无沟通0分）	
	推荐讲解（25分）	推荐过程中，能否向客户全面详细讲解处方食品，包括选择此款产品对病例恢复的好处及使用注意事项等（全面、解读详细15～20分；全面、解读不详细8～14分；不全面、解读不详细0～7分）	
		推荐过程中是否完成2个产品的讲解（2个满分5分，每少1个减2.5分）	
	任务总结（10分）	有无对任务完成过程中存在的问题进行总结（合理、详细8～10分；合理、不详细5～7分；不合理、不详细0～4分）	
	工作手册提交（5分）	实施单填写工整，按时提交（0～5分）	
本项目得分		教师签名	

任务5-2 实施单

课程名称		任务名称	肥胖犬、猫饲养方案制定
班　级		组　别	
观察时间		观察地点	
体况评分	利用5分制评分方法对肥胖犬（猫）进行体况评分。 肥胖犬体况评分数： 肥胖猫体况评分数：		
肥胖评估	重点关注以下信息：饲喂方式、饮食习惯、有无讨食行为、饲喂零食情况、运动情况，并分析导致该犬（猫）肥胖的原因		
	犬：		
	猫：		
制定饲养方案	根据上述评估结果为肥胖犬（猫）制定饲养方案，包括饲喂方式、饮食、运动、零食等因素		
	肥胖犬的饲养方案		

制定饲养方案	肥胖猫的饲养方案
减重过程跟踪记录	减肥跟踪可长期进行,并搜集过程照片
饲养方案的调整	
任务总结	
小组成员签字	

任务 5-2 考核单

课程名称		任务名称	肥胖犬、猫饲养方案制定
班　级		组　别	
小组成员			

考核项目	考核指标	具体观测点	得分
职业素养 （15分）	综合思维能力 （7分）	能够通过总结归纳分析实际情况，制定合理的饲喂方案。考虑问题是否全面细心专业（较好5～7分；一般3～4分；较差0～2分）	
	团队协作、踏实付出的精神 （8分）	小组完成任务、汇报等贡献（共同完成任务，积极主动6～8分；共同完成任务、积极性一般3～5分；被动参与或不参与0～2分）	
任务完成度 （85分）	自主学习（10分）	任务完成所需理论知识准备（充分8～10分；一般5～7分；不足0～4分）	
	任务准备是否充分（5分）	任务准备工作是否充分（充分4～5分；不充分1～3分；未准备0分）	
	体况评分（5分）	对肥胖犬、猫体况评分准确（每只评分正确2.5分，不正确0分）	
	肥胖评估（20分）	对肥胖犬进行评估及导致肥胖的原因分析（合理、全面8～10分；一般5～7分；不合理、不全面0～4分）	
		对肥胖猫进行评估及导致肥胖的原因分析（合理、全面8～10分；一般5～7分；不合理、不全面0～4分）	

考核项目	考核指标	具体观测点	得分
任务完成度（85分）	方案制定（20分）	肥胖犬饲养方案的制定是否合理、全面10分（合理、全面8～10分；一般5～7分；不合理、不全面0～4分）	
		肥胖猫饲养方案的制定是否合理、全面（合理、全面8～10分；一般5～7分；不合理、不全面0～4分）	
	过程跟踪（10分）	能够对执行的减重方案进行过程跟踪，并做好过程记录（及时跟踪、记录完整详细8～10分；及时跟踪、记录不够完整详细5～7分；跟踪不及时、记录不全1～4分；未跟踪、未记录0分）	
	方案调整（10分）	能够针对减重跟踪过程中存在的问题，进行总结分析，并及时做出调整（调整后方案科学合理8～10分；存在不合理之处5～7分；不合理、不详细0～4分）	
	工作手册提交（5分）	实施单填写工整，按时提交（0～5分）	
本项目得分		教师签名	

任务5-3 实施单

课程名称		任务名称	患病犬、猫的饮食调控
班　　级		组　　别	
营养评估	重点关注以下信息：宠物疾病状态、食物、饲喂方式		
	病例1：		
	病例2：		
制定饮食调理方案	根据上述评估结果制定饮食调理方案		
	病例1的饮食调控方案及原因		
	病例2的饮食调控方案及原因		

跟踪记录	病例跟踪可长期进行,并搜集过程照片
营养调控方案的调整	病例1:
	病例2:
任务总结	
小组成员签字	

任务5-3 考核单

课程名称		任务名称	患病犬、猫的饮食调控
班　级		组　别	
小组成员			

考核项目	考核指标	具体观测点	得分
职业素养 （15分）	综合思维能力 （7分）	能够通过总结归纳分析实际情况，制定合理的饲喂方案。考虑问题是否全面细心专业（较好5～7分；一般3～4分；较差0～2分）	
	团队协作、踏实付出的精神 （8分）	小组完成任务、汇报等贡献（共同完成任务、积极主动6～8分；共同完成任务、积极性一般3～5分；被动参与或不参与0～2分）	
任务完成度 （85分）	自主学习（10分）	任务完成所需理论知识准备（充分8～10分；一般5～7分；不足0～4分）	
	任务准备是否充分（5分）	任务准备工作是否充分（充分4～5分；不充分1～3分；未准备0分）	
	营养评估（20分）	对病例1进行营养评估（准确合理、全面8～10分；一般5～7分；不合理、不全面0～4分）	
		对病例2进行营养评估（合理、全面8～10分；一般5～7分；不合理、不全面0～4分）	

考核项目	考核指标	具体观测点	得分
任务完成度（85分）	方案制定（20分）	病例1营养调控方案的制定是否合理、全面（合理、全面8～10分；一般5～7分；不合理、不全面0～4分）	
		病例2营养调控方案的制定是否合理、全面（合理、全面8～10分；一般5～7分；不合理、不全面0～4分）	
	过程跟踪（15分）	能够对执行的方案进行过程跟踪，并做好过程记录（及时跟踪、记录完整详细11～15分；及时跟踪、记录不够完整详细6～10分；跟踪不及时、记录不全1～5分；未跟踪、未记录0分）	
	方案调整（10分）	能够针对跟踪过程中存在的问题，进行总结分析，并及时做出调整（调整后方案科学合理8～10分；存在不合理之处5～7分；不合理、不详细0～4分）	
	工作手册提交（5分）	实施单填写工整，按时提交（0～5分）	
本项目得分		教师签名	

任务 5-4　实施单

课程名称		任务名称	住院宠物的营养支持
班　　级		组　　别	
病理状态评价	宠物所患疾病、食欲、能否自主进行、身体状况有何变化(例如肌肉消耗、腹部肿胀或脱毛等)、最近是否有服用过或目前正在服用药物、服药期间身体状况有何变化		
	病例1：		
	病例2：		
营养状况评估	宠物最近一次进食或饮水时间、摄取量、喂食食物类型(罐装、干粮、餐桌食物或剩饭)、喂食量及喂食频率、宠物的饮食或饮水习惯最近有何改变		
	病例1：		
	病例2：		

营养支持方案	根据患病宠物营养状况的评估,结合宠物犬、猫的营养需求,制定合理的营养支持方案	
	病例1:	
	病例2:	
病例跟踪	病例跟踪可长期进行,并搜集过程照片	
	病例1:	
	病例2:	
营养支持方案的调整		
任务总结		
小组成员签字		

任务 5-4　考核单

课程名称		任务名称	住院宠物的营养支持
班　级		组　别	
小组成员			

考核项目	考核指标	具体观测点	得分
职业素养 （15分）	综合思维能力 （7分）	能够通过总结归纳分析实际情况，制定合理的饲喂方案。考虑问题是否全面细心专业（较好5～7分；一般3～4分；较差0～2分）	
	团队协作、踏实付出的精神 （8分）	小组完成任务、汇报等贡献（共同完成任务、积极主动6～8分；共同完成任务、积极性一般3～5分；被动参与或不参与0～2分）	
任务完成度 （85分）	自主学习（10分）	任务完成所需理论知识准备（充分8～10分；一般5～7分；不足0～4分）	
	任务准备是否充分（5分）	任务准备工作是否充分（充分4～5分；不充分1～3分；未准备0分）	
	病例状态评估（10分）	对病例1进行病例状态评估（准确合理、全面4～5分；一般2～3分；不合理、不全面0～1分）	
		对病例2进行病例状态评估（准确合理、全面4～5分；一般2～3分；不合理、不全面0～1分）	
	营养评估（10分）	对病例1进行营养评估（准确合理、全面4～5分；一般2～3分；不合理、不全面0～1分）	
		对病例2进行营养评估（准确合理、全面4～5分；一般2～3分；不合理、不全面0～1分）	

考核项目	考核指标	具体观测点	得分
任务完成度（85分）	方案制定（20分）	病例1营养调控方案的制定是否合理、全面（合理、全面8～10分；一般5～7分；不合理、不全面0～4分）	
		病例2营养调控方案的制定是否合理、全面（合理、全面8～10分；一般5～7分；不合理、不全面0～4分）	
	过程跟踪（15分）	能够对执行的方案进行过程跟踪，并做好过程记录（及时跟踪、记录完整详细11～15分；及时跟踪，记录不够完整详细6～10分；跟踪不及时、记录不全1～5分；未跟踪、未记录0分）	
	方案调整（10分）	能够针对跟踪过程中存在的问题，进行总结分析，并及时做出调整（调整后方案科学合理8～10分；存在不合理之处5～7分；不合理、不详细0～4分）	
	工作手册提交（5分）	实施单填写工整，按时提交（0～5分）	
本项目得分		教师签名	

精品教材展示
教学资源下载

教材展示・服务咨询・资源下载
在线题库・在线课程・数字教材

销售分类建议：宠物

定价：49.80元